绘世人生心理学系列：性格心理学
XINGGE XINLI XUE

别让直性子毁了你

BIERANG ZHIXINGZI HUILE NI

冠诚◎著

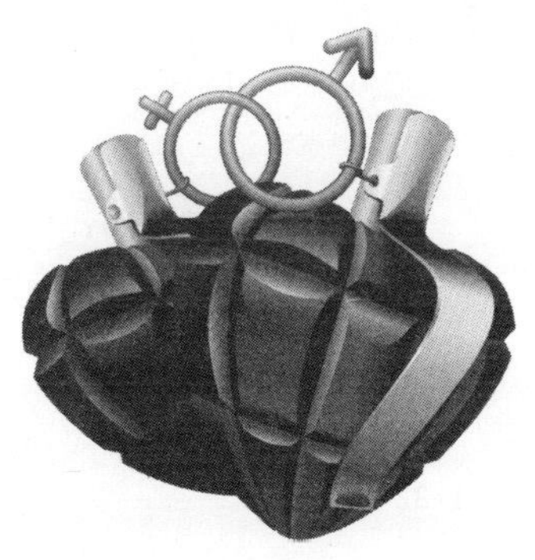

郑州大学出版社
郑州

图书在版编目（CIP）数据

性格心理学：别让直性子毁了你 / 冠诚著. — 郑州：郑州大学出版社，2017.8（2018.8重印）

（“绘世”人生心理学丛书）

ISBN 978 - 7 - 5645 - 4536 - 9

Ⅰ. ①性… Ⅱ. ①冠… Ⅲ. ①个性心理学 Ⅳ. ①B848

中国版本图书馆 CIP 数据核字（2017）第 150970 号

郑州大学出版社出版发行

郑州市大学路 40 号　　邮政编码：450052

出版人：张功员　　发行电话：0371－66966070

全国新华书店经销

香河利华文化发展有限公司印刷

开本：145 mm×210 mm　1/32

印张：8.25

字数：164 千字

版次：2017 年 8 月第 1 版　　印次：2018 年 8 月第 2 次印刷

书号：ISBN 978 - 7 - 5645 - 4536 - 9　　定价：35.00 元

性格心理学 前言

“我是个直性子，说话直接，你别见怪，但是你这样做会有问题……”

“我就是个直性子，一着急就不管不顾了……”

类似这样的话成为直性子人的口头禅，在他们的言行伤害或即将伤害到别人时，他们通常会这样为自己辩解。但如此“直性子”，时间久了，朋友之间就会变得生疏。因为在别人眼里，直性子的你，是一个不懂得顾及别人内心感受、一味表达自己情绪的偏执者。

“直性子”被解释为“不拐弯抹角的”“不含糊其辞的”。直性子的人给人的印象是风风火火，将自己毫无遮掩地展示于人。通俗地讲，这是率真、坦诚、胸无城府，值得信任。但是这种直率并不是一个人在社会上安身立命的根本，相反，有可能成为生活和交际中的障碍，并且“出力不讨好”，还事倍功半。

人生在世，过直易生情，伤己；过直易生怒，伤人。直性子的人大多数性情刚直，而过刚易折，所以要刚柔并济，才能心平气和，生活幸福。上善若水，水是世上至柔之物，然而它能驰骋天下，包纳万物。棱角分明的巨石峭壁，并非无坚不摧，反而在风沙流水的侵蚀之下日渐改变。人也是一样，太过分明的棱角只会让自己承受更多磨砺的痛苦。

直性子的你，是否有话就脱口而出呢？别忘了有时候沉默是金。语言是表达情绪和内心的工具，但并不是任何时候都需要用语言来表达。安慰朋友，有时候无言的陪伴就是最好的方式，而长篇大论的鸡汤或许并不适合对方此刻的心情。当朋友声泪俱下地控诉，或者讲述自己悲戚的故事时，义愤填膺并不是最好的安慰，无声的陪伴才是最有力量的支持。因为在无声中，你将自己的温暖传递给了对方。

直性子的你，是否从不弯腰低头？或者总是怀着一颗愤世嫉俗的心“看不惯”身边的人与事？其实，有时候低头也是一种高姿态，示弱也是一种生活智慧。

直性子的人更善于表达“我”，而忽略了“我们”，而人与人之间的相处，更多的是包容、理解和体谅。直性子的人有时候也会敏感，也会偏执和傲慢。如何打磨自己的这些棱角，让生活变得更加美好，直性子的你可以翻开这本书。

本书从直性子的起因、影响谈起，阐述了直性子不是口无遮拦、耿直，不是不会包容的道理。探讨了如何采取“迂回战术”，让直性子的人生在温和、坚定中如鱼得水，游刃有余。

俗话说，与人生气不如自己争气。直性子的人更要牢记：斗气不如斗志。本书中的“丛林法则”“得理让三分”“吃亏是福”的老经验也会让你有新的体会。

希望本书能让直性子的你：性情依旧，但生活更加丰富多彩！

性格心理学 目录

第一章

不懂得迂回，你的人生就会被毁掉

有想法是好，但不要鲁莽行事

灵光一现的想法固然很好，但是一定要分析清楚了，再付诸行动。因为理想和现实有很大的差距。

美茜是个直性子，平时做事风风火火。单位的同事都说，有事找美茜帮忙一点问题都没有。因为她非常热心。但有时候她的直性子也会给她的工作带来很大的麻烦。

最近，单位准备运作一个新的项目，需要拍摄一个宣传视频。这个任务分配给了美茜所在的办公室。从上大学时，美茜就对这些事比较感兴趣，这次更是兴致勃勃地参与其中。

办公室里，大家正开会讨论拍摄的内容，一向心直口快的美茜立刻就说出了自己的想法，“我觉得我们可以选择在夜晚拍摄，这样才可以突出景观的特点。”

“但是天气会影响拍摄质量，因为天气预报说这几晚都有雷阵雨。”同事反驳道。

“我们可以等雨停了啊！阵雨过后，空气会很清新，想想看，干净的空气多有意境，肯定还能给拍摄效果加分呢……”

美茜尽情地描绘着自己的设想，没有注意到已经有同事表示不满了。

“天气，确实是我们应该考虑的……”主任想缓和一下气氛，但是刚一开口就被美茜打断了。

“我觉得还是晚上比较好，车水马龙，霓虹闪烁，这样的风景是最好的。我来负责拍摄，并保证完成这个任务。”

“美茜啊，你有想法很好，但是我们是不是再好好计划一下，写个脚本或者再把细节敲定一下……”

“不用了，我现在脑子里已经有了很完整的画面，您如果需要，我现在就去写。主任，您就让我来办吧，您是不是信不过我啊？”美茜反问主任。

“我不是这个意思”，主任连忙说。

“那您就是不相信我的能力了？”美茜有点咄咄逼人地反问。

“没有，你误会了。”主任有点尴尬地解释。

“那您就把任务交给我啊！”美茜想都没想就脱口而出，她没注意到在场的同事脸色都变了。

“好吧。”主任说完就直接走了出去。

但是第三天早上，美茜却无比尴尬地站在办公室里。因为雷阵雨，她的拍摄泡汤了。而且脚本写得很粗，根本无法进行拍摄。他们组的任务因此没能完成。

故事中的美茜是个风风火火的直性子，有想法就立刻说，马上做，但是最后的结果却不尽如人意。敢想敢做，是这类人的优点，他们更容易抓住稍纵即逝的机会，更容易取得成功。正所谓“成也萧何，败也萧何”，敢想敢做的人因为这个优点而成功，有时也会因为这个缺点而失败。

正如故事中的美茜，她敢想敢说，却未注意到自己的言辞和语气，已经令周围的气氛有了变化，甚至得罪了周围的人。事情的结果并没有像她预想的那样完美。因为思考的过程太过短暂，没有对行动中可能会出现的问题进行缜密的思考，并做出周密的应对计划，所以在猝不及防的问题面前，她手足无措，最终的结果也只能是失败。如果在说出自己的想法时，能够思考得全面一些，对实施过程中将要面临的问题，能够有着较为全面的认识和有可行性的应对措施，想法才有可能变成现实。

小超是个文学爱好者，从上学起就非常喜欢看小说。看得多了，自己也就有了创作的想法。在生活中喜欢观察和思考的他，也会有很多灵光一现的时候。每当这时，小超就会把这些突如其来的灵感记在纸上。但是灵感来得快，去得也快。每当无法继续的时候，他就会停止，他知道这是因为他积累不够，还需要时间准备。

其实，小超也是个直性子，很多时候他都会表现得很鲁莽。上大学的时候，有一次文学社举办庆祝中秋的作文大赛，他立刻报名参赛了。满以为自己悉心琢磨的文章会榜上有名，没想到却名落孙山。一直想不通的他气冲冲地去找组委会，没想到这次的评委里有他的辅导员，小超觉得自己“有希望‘翻盘’了”。

“你的文章我看过了，文笔不错，但是缺少思想，看起来有些空洞，你还需要勤奋练习啊。多读些有思想深度的书，多交流。希望你以后有更好的作品问世！”

辅导员的一席话让小超变得心平气和，认真思考后，他觉得老师说的对！他为自己的鲁莽道了歉。从此，小超不再一有想法就匆匆执笔，然后到处投稿，而是记录下来慢慢琢磨。直到参加工作，他的这个好习惯依然保持着。功夫不负有心人，现在的小超在一些自媒体平台上已经是位小有名气的“作家”了，还有不少的粉丝呢。

年轻时，我们总把爱好当成梦想，为了追求梦想也有“冲动”的时候。但不管是追逐梦想，还是面对生活中的琐事，我们都不能凭借一时的意气而鲁莽行事。

有想法的人有主见，这证明一个人具有思考的能力。想法可能来源于灵感，而真正的成功，需要靠踏实勤奋和步步缜密的行动来获得。直性子的人思维活跃，时常会有很多想法，这对工作和学习都有着正向积极的作用，在生活中也会让他们时刻保持热情。

有想法虽好，但现实和理想终究还是有很大差距的。丈量它们之间的差距就要靠自己的思维，靠生活的经验，也可以借鉴身边人的意见和建议，寻找榜样，这样才能化鲁莽为行动，让理想变为现实。懂得三思而后行的道理，生活就会少一些阻碍，多一些顺畅。

口无遮拦，不是实在是无知

直性子就可以口无遮拦地想说什么就说什么了吗？才不是！这只是直性子的人用来掩饰自己无知的一种表现。

周洁的口头禅是“我是个实在人”。但是她旁边的人都很怕听到她这句话，因为这句口头禅后面总是会有一些让人非常尴尬的事情发生。

“嗨，早上好啊，小兰，你今天很漂亮。”周洁对迎面而来的同事李兰说道。

“谢谢。”本来这样的称赞就已经让女孩子心花怒放了，但是周洁却管不住自己的嘴，又画蛇添足道：“我是个直性子，所以我不得不说，你今天穿的这双鞋……虽然看起来是新的，但怎么那么土呢！跟你的衣服有点不搭配。唉，败笔，败笔啊！”

李兰低头看看自己的鞋，早上快迟到了，她就随便找了一双鞋穿上了，确实有点不搭。忽听周洁这么一说，李兰脸一红，低着头一言不发地走开了。

看着李兰不好意思的样子，周围的人都向周洁投去了责怪的目光。但是周洁却理直气壮地说：“怎么了啊，我有话就直说啊！”

周末的时候几个好朋友在一起聚会。周洁因为堵车迟到了，一进门就大声地抱怨。

“哎呀，你们选的这个地方真的是太难找了！我打车找了半天都找不到！”

闺密之间聊起了彼此的男朋友，周洁又来了兴致。

“哎呀，我是个实在人，有话就直说。我觉得他就是对你不上心，赶紧分了算了！你看他有什么啊！”周洁只顾着自己一吐为快，根本没有注意到对面闺密们的脸色越来越难看。

“我是个实在人啊，有一说一啊！”理直气壮的周洁一直都不明白为什么闺密们离她越来越远了。

生活中的“周洁”们本着“为你好”的初衷，用“我是个直肠子”“我老实，有话直说”做掩护，在不涉及自己利益的前提下，肆意地干涉着别人的生活。如果身边有这样的朋友，或许很多人都会用他们给出的理由——“直性子”来原谅他们的行为。但如果是初次见面，擅长制造尴尬气氛的他们，恐怕会让不少人敬而远之。难道直性子就要口无遮拦，不顾对方的身份，不管自己的角色，不分场合、不分时间地想说什么就说什么吗？答案当然是否定的。

胸无城府也好，善良单纯也好，但是想说什么就说什么肯定是不受人欢迎的。口无遮拦不是性子直，而是一种越界的行为。总是口无遮拦的人，他们没有分清自己的生活和别人生活之间的界限，甚至已经干扰到了别人的生活。或许他们的初衷是好的，但是却经常令人反感。久而久之，原本关系不错的朋友也会因为尴尬而疏远。对初次见面的人来说，若留下了这样一个不好的印象，在以后的交往中也会选择敬而远之。

或许我们都曾听到过这样的理由："我们是朋友我才跟你说这个。""不是关系好我才不告诉你呢！"恶语伤人六月寒，来自"朋友"的伤害比陌生人的杀伤力更大。那些本着为别人好的"糖衣炮弹"确实让被攻击者有苦难言。而语言是一门艺术，它是我们交流和相互理解的桥梁和媒介，而不是用来伤人的利器。所以那些"为别人好"却是在伤害别人的行为应该收起来，那些在"老实"的掩饰下毫无遮拦的嘴巴也要赶紧寻找"门卫"，避免祸从口出、得不偿失。

乐乐在她的朋友圈里是有名的"好人缘"。但是乐乐不是一个两面三刀的人，所以大家对她的喜欢是发自内心的。每当有人遇到什么事，都愿意跟乐乐分享。因为大家都说在她这里可以获得最有用的方法。大家愿意相信她和她的话，是觉得她真诚、坦率。直性子的她不但说话不拐弯抹角，也不会掩饰或者故意歪曲自己内心的想法。

前几天，乐乐的好闺密跟男朋友闹分手，大家都知道她这个闺密的男朋友“不靠谱”，而乐乐既没有遮遮掩掩地对闺密的男朋友提出任何看法，也没有和她一起控诉闺密男朋友的万恶行径，更没有以局外人的样子冷眼相待。而是诚恳地帮她分析原因、找出问题，站在闺密的角度向她提出建议。这样就避免了“得罪”闺密，同时还帮助了她。

乐乐常说：“说话、做事要多站在别人的角度上思考。心直口快不都是好事，重点要看能不能让别人接受。一句话的说法有那么多，何必非要选择大家都无法接受的那种呢？再说了，口无遮拦也只能显示自己的无知！”

口无遮拦或许可以让自己一吐为快，但是却也向别人暴露了自己的无知。故事中的乐乐是个非常聪明的女孩，直性子的她并没有选择快人快语，而是站在对方的角度考虑问题，这样才不会让别人有被强行干涉的感觉，也不会因为言语不妥而起冲突，真正做到了既帮助了别人，也没有令人不快。

如果有人将直性子简单粗暴地理解为：想说什么就说什么的口无遮拦，那么他所谓的直性子也只能是一种任性。一个人成熟的表现就是自控能力强。一个成熟的人应该能控制住自己的表达欲，并且能够将自己的观点准确地表达出来，这其中当然包括筛选的过程。因此请不要再让直性子为自己的口无遮拦“背黑锅”，而是要学着让自己真正成熟起来。

脾气很直，爱人也受不了

很多人都会犯的一个错误是：将最大的耐心和包容给了陌生人，而将最坏的脾气给了最亲密的人。

小晴一直是朋友眼里最幸福的女人。大学毕业后就嫁给了同班同学。婚后的小晴很快过上了相夫教子的生活，而丈夫的事业也一直处于上升状态。但是很快小晴就发现，丈夫的脾气变得越来越暴躁，跟她说话的时候也是一脸的不耐烦，再也不是以前温柔体贴的他了。

又是凌晨时分，丈夫带着酒气回到了家。还重重地关上了房门，本来已经浅浅入睡的她被吵醒了。“你轻点儿，别人睡觉呢！”小晴不悦地说道。然而丈夫却一副爱搭不理的样子，小晴有些生气了，忍不住唠叨了起来：“你每天都这么晚回家，真不知道在外面干什么呢……”

“我还能干什么！还不是忙生意，忙着赚钱！”丈夫站起来冲着她吼道。

“你这么凶干嘛！我问你还不是为你好！你每次跟我说话都这么不耐烦！”小晴觉得很委屈。近来丈夫的脾气变得更加喜怒无常了，动不动就冲她大喊大叫，这让她真难以忍受。

“我每天在公司里对每个人都要笑脸相迎，我已经够累了，你还要我怎样！我在自己家里还不能随心所欲地说话吗？对着我自己的妻子，我还需要小心翼翼吗？我活得有多累，你理解吗？”丈夫冲着小晴又是一阵大喊大叫。丈夫的操劳和辛苦她都看在眼里，也很心疼他。因为知道他是个直性子，所以，小晴以前也从不计较什么，但没想到他现在却说出这样的话，这让小晴非常伤心。

故事中的两个人是生活中最常见的众生相之一。在工作中打拼的男人，有诸多场面需要应付，周旋于上司、同事、客户以及其他各色人等之间，笑脸相迎也逐渐成为常态。即使是毫不遮掩的直性子，很多时候想发的脾气、想生的气，也不得不憋在了心里。但是情绪总是需要宣泄的，否则放在心里太久容易积郁成疾。那么这些积攒的负面情绪发泄的出口在哪里呢？身边那些最亲密的人自然就成了“躺枪者”，就像故事中的小晴一样，为丈夫的不良情绪“背黑锅”。尤其是在面对最亲近的人时，这些人更容易放下自己的谨慎、体贴和细心，露出尖锐、刻薄、暴躁的一面，就如同一只愤怒的刺猬，谁离得最近，便伤谁最深。但爱人都是无辜的，他们不应该成为这些坏脾气者的“出气筒”。因为是他们，陪伴我们度过了艰难困苦，并给予了我们无限的温暖和扶持。而不加修饰的直性子却是摧毁这份温情的炸弹，我们无心或者有意地横眉冷对，都会像一盆盆冷水一样浇在他们心上。如果作为直性子的我们不知反思、不做改变，终有一天爱的火焰会被浇灭。

在一家精致的咖啡馆里，小王和张总相对而坐，两个男人都陷入了沉默。此时的洽谈已经进入到了白热化的阶段，双方因为各自的利益谁也说服不了谁，而且谁也不想让步。就在这时，小王的手机突然响了，是他妻子打来的。小王没有匆匆挂断，而是向对面的张总点头示意，张总礼貌地伸出手，做出“请便”的姿态。只见小王深吸了一口气，调整了一下心情，用轻松愉快的语调接起了妻子的电话。

“喂，我这里还好，并不是很忙，一切都很顺利。我待会就可以忙完，晚上会早点回家！”小王语气很温柔，就像他和妻子已经分别了很久一样。其实他们早上才分开。

“你看你，还是那么不小心！没关系，你等着我回来做就好！你饿了就先点外卖，我回来给你做好吃的。”

“不好意思，张总，让您久等了。”挂了电话，小王向张总表示歉意。

对面的张总并没有生气，他只是非常好奇，是什么人能够让一个刚才还锋芒毕露，甚至有点红眼的年轻人，瞬间就变得温柔无比。

“是我的妻子，她怀孕了，像小孩一样，自己待在家里无聊，煲汤又不小心弄咸了，打电话问我怎么办。呵呵。”说着他便笑了起来，那神情就像在说一个小孩子，眉眼间和语气里充满了骄傲和溺宠。

这时，一直若有所思的张总突然开口了：“我决定跟您合作。”

小王有点不敢相信自己的耳朵，毕竟刚才他还和自己争得不可开交呢！

“这……这是真的吗？”小王难以置信地看着张总问道。

“对，能在这种情况下还对自己的妻子如此温柔的人，我想你肯定也是个对工作细心负责的人。”张总笑着说。

故事中的小王在充满火药味的环境中，能立刻调整好心态，对妻子说话时可以不受外界环境的影响，这是一种体贴，更是一种修养。

家是温馨的港湾，需要用爱来守候。既然我们愿意每天用精致的妆容示人，用优雅的谈吐交流，用文明的方式沟通，那何不试着在最亲密的爱人面前收起自己的锋芒，对他们多一份体贴与谅解，多一份关爱和包容。

随心所欲，就会到处碰壁

这个世界上没有绝对的“自由”。在各种规章制度和道德的条条框框的限制之下，思维的小球才能“随心所欲”地蹦蹦跳跳。

这家公司会议室的门紧闭着，里面正在进行着紧张的面试。而走廊上还有不少神色紧张的面试者不是低头冥想，就是在翻阅资料。不过其中却有一个人轻松地跷着二郎腿，斜靠在座椅上，同样是一脸的紧张，但和别人紧张的原因不同，他是在打游戏！边打嘴里还不时地喊着：“要死了！”“打死他！”

旁边早就有人看不下去了，忍不住出声制止道：“麻烦您小声点，可以吗？在这里不要大声喧哗。”

对于别人的制止，开始他还有所收敛，但是不久之后又恢复了常态。随之而来的制止声也变成了责备：

“你能不能小声点啊，我们还要面试呢！”

“要打游戏可以出去打，你到底是不是来面试的？”

面对他人的质疑，他一副云淡风轻的样子，还略带骄傲地说：“当然是了，不然我坐在这里干嘛！”

“那你不准备一下吗？你是第几号啊？”

“到了不是会有人来叫吗？准备？有什么好准备的！这不是早就应该完成的事嘛！嘿嘿，我是个直性子，想到什么说什么，想做什么就去做。人嘛，就应该这样，何必太委屈自己呢？大家说，对吧？”他振振有词地对质疑他的人说着，说完后他又接着打游戏，并在心里为自己的言辞沾沾自喜，认为这是他的“生活态度”。

终于轮到他了，他直接推门就进了会议室，当着众多面试官面大大咧咧地一坐。本来衣着就随意，还有些不修边幅的他，已经让面试官们十分不满了。再加上他的举动随便，更让面试官们觉得不舒服。

“我是个直性子，不喜欢拐弯抹角，也不喜欢搞那些虚的东西。”他一开口，就有面试官皱起了眉头。短短的三分钟后，他就被“请”出了会议室。

“这都是我面试的第五家单位了！怎么还是这样？此处不留爷自有留爷处！”说完，他就大摇大摆地离开了这家公司。

故事中“直性子”的他将自己的性格演绎得“淋漓尽致”，甚至已经到了随心所欲的地步。在公共场合，甚至在面试单位这样严肃的场合中，他都依然我行我素，不顾别人的看法，忽视基本的礼仪和制度，最终只能是碰壁。

直性子的人说话可以直来直去，不带一句开场白；直性子的人做事可以不拖泥带水，没有一点多余的客套。但是这并不代表直性子的人拥有不尊重别人、不分场合、由着自己的性子随心所欲、想干什么就干什么的特权。每个人在不同的场景、面对不同的人时，都扮演着不同的角色，而不同的角色在语言、行为、举止上都有着不同的要求。作为一个成年人，我们要明白自己所处的环境和所扮演的角色，并控制住自己体内时刻想要随心所欲、肆意而为的“洪荒之力”。

因为一个人的形象中带着他走过的路、遇见过的人，以及读过的书。一个人的言行举止代表着他的阅历和见识，这是一种修养，更是一种品质。而直性子的人直爽而不掩饰，率真而不做作，这是一种阳光般吸引人的魅力，让人不自觉就会产生信任感和亲近感。但是言谈举止如果不顾及场合、不考虑他人的感受，那么带给他人的将不是春风般的温暖和亲切真实的感受，而是让人不自觉的厌恶和反感。人和动物的区别就在于：人存在廉耻心，即能够根据外界的反应而及时调整自己的行为，能够运用相对合理的道德观和法律意识进行自我约束。

耿亮的为人就如同他的姓氏：耿直而简单。和他关系铁的人都知道：“他这个人就这样”。但是对于那些初次见面的人来说，耿亮的接人待物还真有点让人接受不了。朋友和家人给他介绍了不少女朋友，但是很多女孩都受不了他这种大大咧咧的性格，基本是吃过一顿饭之后就没了下文。

这一天，耿亮神神秘秘地请了几个好朋友吃饭，席间他告诉了大家一个好消息：他订婚了！

“你？什么时候的事？”

“哎哟，就你这样的性格，还有人愿意把闺女嫁给你啊？”朋友们纷纷质疑着。

“士别三日还刮目相看呢！你们不能这样瞧不起人！”面对朋友们的质疑，耿亮一脸庄重地说。

原来，在相亲中的屡战屡败，让耿亮很着急，他开始反思。当他明白了是自己的太过于耿直的性格造成的时，他决定改变自己。和别人在一起吃饭、说话时，耿亮不再随心所欲了。在和一个女孩聊过几次后，双方的感觉都还不错，于是就决定进一步交往。这个女孩也是性格直爽的人，所以也不是非常介意耿亮的耿直，反而称赞他是真性情。这让耿亮高兴坏了，心想自己近来的改变是有成效的。

女孩的家人邀请他去家里吃饭，从来不修边幅的耿亮，格外慎重，不但一身正装，而且还特意买了许多礼物。饭桌上，他的言行举止透着“绅士”风度，女孩的家人对他的表现非常满意，称赞他老实、礼貌，是个“靠得住”的人。

听完他的讲述，朋友们恍然大悟。

“哈哈！你小子终于开窍了啊！”

“真没想到你竟然也有改掉坏习惯的时候。哎，你说你装腔作势的时候是什么样的啊？哈哈哈……”朋友们纷纷打趣着耿亮。

“开始的时候是有一点装，但是现在不是了。以前是没顾及别人的感受，有什么对不住的地方，你们就忘了吧！”耿亮不好意思地对打趣他的朋友们说。

故事中的耿亮改掉了自己随心所欲的毛病，终于抱得美人归。随心所欲的确舒服，但是舒服了自己，却让别人无所适从，久而久之，还会让自己在生活中处处碰壁。所以不管是不是直性子，做人还是要讲究一点。因为只有我们自己讲究了，别人才会对我们讲究。

锋芒毕露，可不是什么好事

中国有句俗语叫“枪打出头鸟”，说的就是锋芒毕露所带来的后果。因为锋芒毕露，有时候会被别人看作是一种炫耀、一种张扬。而一次性亮出自己所有的底牌，不但容易暴露自己所有的长处，而且更容易被人找到软肋。

吴震刚毕业就进了一家大型私企。上学的时候他就是一名很优秀的学生，在学校的表现也非常突出。在沉闷的大学课堂里，他不但是积极举手回答问题的“好学生”，而且还是学校社团活动中的风云人物。初入社会的他，当然也准备大显身手了。

“……以上就是我的意见。”会议室里充斥着吴震充满自信的声音。领导眼角带笑地示意他坐下。在吴震看来，这是对他刚才发言的肯定。

吴震在单位越来越找到“感觉”了，看着自己的意见被重视，他很有成就感，那种在大学里呼风唤雨的感觉又回来了。当然，在公司短短的半年时间里他也取得了一定的成就，这也让他更有动力向前“冲”了。

“这件事就交给我去办！”

“这个不能这样！”

“你应该这样才对！”吴震经常这样和同事说话。

他本来就是个直性子，在工作中说话比较直接，但这样的说话方式却让同事们非常反感和受不了。甚至有一次在会议室里，吴震当众跟上司争执起来。这让当时在场的人都非常尴尬，其中不乏一些幸灾乐祸的人。

“这么厉害，指不定哪天吃亏呢！”

“就是，仗着年轻就不知道自己几斤几两了。”

“他这样啊，迟早吃亏！”同事们背后对他议论纷纷。

渐渐地，吴震也发现办公室的同事在疏远他，一些闲言碎语他并不是没听到，但是他认为这是别人“嫉妒”他。更令他没想到的是，有一个小项目出现失误后，所有同事竟然都将矛头指向了他！而平时积极热情的他，此时却有口难言。

不少直性子的人就像故事中的吴震一样立志要在工作中大展拳脚，于是猛冲猛撞；或已经有所成就，想要更上一层楼，并开足马力。而“枪打出头鸟”，这句话经过时间和事实的证明，还是非常有道理的。故事中的吴震初来乍到，就已经锋芒毕露了。不但能力突出，还取得了一定的成就。在与同事们日常的相处中，他的言语又给人一种太过尖锐、很不舒服的感觉。尤其是作为新人的他锋芒毕露，有的人可能会认为这是一种炫耀，也有人会将他视作对手。因为一个人一旦被贴上这些含义复杂的标签，就会给他的人际关系带来很多不必要的麻烦。所以有时候招风的不仅仅是大树，太过显眼的树也自带“招风体质”。

陈静参加工作已经两三年了，按理说她已经算是公司里的“老人”了，但是同事提起她总是觉得她依然是一副“新人”的样子：文文静静，话又少。而大家也都知道陈静绝对不是公司里可有可无的“透明人”。

陈静是设计专业毕业，不但专业技能熟练，而且软硬件条件都不错。她刚进公司，就赶上了几个大的设计方案，而她表现得很出色，让同事们刮目相看。但她还是像往常一样，上班、加班，一点也不含糊。有时候即使受了委屈，也能一笑而过。久而久之，办公室里就再也没有人会主动对她“鸡蛋里挑骨头”。

坐在陈静对面的实习生小利，经过和陈静两个月的相处，非常羡慕她身上的那种安静和沉稳，就如她的名字一般“沉静”。于是她就向陈静“取经”，如何才能修炼得如同她一样。

陈静一听，就笑了。

“我哪有什么修炼大法啊，我只是觉得过刚易折，锋芒毕露会招来一些不必要的麻烦，所以把时间都花在认真工作和认真生活上了。不用随时随地的都像刺猬一样把自己所有的武器都亮出来，这样会让别人产生戒备心理，也容易暴露自己的软肋，说不定什么时候就会吃亏呢。”

故事中的陈静，看似在办公室里不温不火地存在着，但是她的工作能力强，为人内敛沉稳，让她得到了同事们的尊重和认可。正如她所言，她没有像刺猬一样将自己所有的锋芒全部外露，而是把时间都用来认真工作和经营自己的生活了。这是一种非常明智的做法。

收敛锋芒，是一种智慧。这样的人不会给自己招致无端的麻烦，不会让人觉得是在“卖弄”，更不会遭人嫉恨。收敛锋芒，又是一种含蓄的力量，更是一种冷静、稳重的气质，给人以亲切感。作为领导不露锋芒，会让同事和下属觉得平易近人，工作自然轻松，也容易取得好的成绩。作为员工不露锋芒会让人觉得有深度，不肤浅，也会给人谦虚、好学的印象，工作也会一帆风顺。

一个人不仅在外面，而且在家里也要注意收敛锋芒，不能让自己身上的“锋芒”“伤害”到家里人。现在有很多家庭关系不和谐，就是因为伴侣中的一方太过于锋芒毕露。伴侣中的一方如果取得了较高成就，会不自觉地产生一种“自豪感”，这是非常正常的。但是，如果伴侣中的另一方在事业上并不如自己，这种“优越感”就会被放大，不经意间它就会融入伴侣间的语言中，久而久之，就会影响家庭生活的和谐。家是温馨的港湾，是讲情的地方，不需要争高低，更没有输赢之分。因此要想生活幸福，就要学会收敛锋芒。

太过耀眼的光芒也会刺伤别人的眼睛。同时锋芒既是一种铠甲，一不小心又会变成软肋，所以锋芒毕露可不是什么好事。

太偏执，你的眼前只能一片漆黑

一个人的偏执就像是挡在眼前的那片叶子，虽然不大，但却可以挡住全世界，令人眼前一片漆黑。

大森是学美术的，后来又自学了电脑软件，现在，他主要做平面设计。大森对自己的作品有着独特的见解，他说这叫对艺术的态度。但是在别人眼里，他却是个偏执的人。

刚从上一个公司辞职的大森，又开始寻找新的工作。其实平面设计方面的工作一点也不难找，只是他在面试中不是直接和对方“意见相左”而被拒绝，就是在工作中，因为他的固执被上级批评，所以他只有带着“怀才不遇”的郁闷，愤愤离去。

不久后，大森又开始上班了，他熬夜赶出了一张设计图，但是领导和客户都不是很满意，并提了一些修改意见，让大森拿回去再修改。他们认为不好的地方，在大森看来恰恰是最能突出自己创意的地方，所以他就坚持不改。最后领导下了命令，让他回去必须改，大森当时没说话就回去了。但是第二天见客户时，样品依然没有修改。客户当时就不满意了，要取消合作。领导也有点着急，责备地问他：“你是怎么搞的？不是让你修改了吗？”

谁知大森当时站起来就说：“你们有没有欣赏水平？这样的设计都看不上！我就要坚持我的想法，我相信一定能成功的！”

领导被大森的话气得不轻，当场就发火了，说道：“好！我没有水平！你现在就回家去吧！你就守着你的偏执等着成功吧！”

“走就走！”大森说着转身就走。他坚信自己这匹千里马一定会遇到伯乐，但是好几个月过去了，大森依然没有找到一份稳定的工作。

故事中的大森，是带着理想追梦的年轻人。但是他在追逐自己梦想的时候太过于固执，听不进去别人的意见，不能接受别人的质疑和批评。同时也为他的偏执付出了很大的代价：每份工作都干不长久，还经常和他人发生冲突。

心理学中，有一种人格障碍叫作偏执型人格障碍。这种人经常会陷入难以自拔的痛苦中而又不配合治疗，并对自己的病情完全持否认或辩解的态度。他们也意识不到自己的行为有何偏执之处，也就是我们常说的没有“自知之明”。他们即使意识到了这种情况，也很难做出改变。据调查资料显示，具有偏执型人格障碍的人占心理障碍总人数的5.8%，而实际情况可能还会超过这个数字。偏执的人即使向别人求助，得到的指导和帮助也有限，而依靠他们自己又很难取得明显的效果。因此，让他们最终陷入了一个恶性循环，这给他们的生活和人际交往带来了严重的困扰。

在日常生活中，直性子的人都会或多或少地有些固执，甚至偏执。一般情况下，男性更容易偏执。他们通常很固执，生性敏感多疑，时刻保持着警觉。而偏执的人往往自我评价过高，容易以自我为中心，一旦出现问题就会把原因推诿给别人，并拒绝接受批评。他们对挫折和失败过分地敏感，不允许自己受到质疑，一旦被人质疑，他们就有可能出现争论、诡辩，甚至攻击别人的行为。

李胜升入了高中。由于同学间互不相识，老师对大家也不够了解，于是，就指定了当时成绩还不错、人也长得高大的李胜暂任班长。但是在担任班长期间，李胜经常和同学闹矛盾。原来班里的所有事情，他都不和大家商量，而是他自己直接下命令，还不许大家提意见。久而久之，大家对他意见很大。最后在同学们的强烈要求下，他被撤了班长之职。

对此，李胜起了疑心。他怀疑是某些同学在老师那里故意打他的小报告，嫉妒他的才干，为难他。觉得自己受到了大家的排挤和压制，因此对被撤职之事一直耿耿于怀。他认为老师不相信他，而他并没有做错什么，这样对他很不公平。愤怒的李胜指责、埋怨过老师和同学之后，还因为这事找借口和别人发生了冲突。开始时大家都耐心地劝他，跟他讲道理。但是李胜总是不等别人把话说完，就打断别人，急于为自己申辩。他甚至把大家对他的好言相劝当作是恶意、敌意。到最后李胜都有些无理取闹了，见状，同学们也都不愿意与他交往了。

他的父母看着他的样子非常着急，最后找了心理医生。在开导他的同时，还配合药物对他进行治疗和调节。经过很长时间的治疗后，李胜的精神状况才慢慢好转。

故事中的李胜因为性格的偏执，导致人际关系恶化，这给他的生活带来了很大的困扰，最后不得不采取医疗手段来进行治疗。

其实，每个人的性格中都会有些固执的成分。这种固执如果用对了地方，就是一种非常优秀的品质，叫作坚持。这种坚持会让一个人变得更有毅力，更有主见。当然，前提是这种想法是正确的，这样在生活中才会变得更独立。

直性子的人想要做到这一点，首先，要学会正视自己，敢于面对真实的自己，勇于承认自己的偏执，这是做出改变的第一步。其次，还要多和他人交往，在交朋友的过程中接触不同的人，学习与人相处之道，让自己的生活充满阳光，从而驱散因为偏执给自己带来的阴霾。

第二章

是什么造成了你的直性子

太优秀，所以才直言不讳

都说太优秀的人不合群，其实他们只是性子直，说话、行事较为直接而已。直言不讳并非坏事，但在很多场合并不适用。例如：涉及敏感话题的聊天场合，直言不讳就可能给自己招来麻烦。不少优秀的人都认为直言不讳是率真、诚实的表现，其实这是不懂交际的表现。

文学家老舍先生给世人的印象一直是温文尔雅、敦厚老实。但和他亲近的人都知道，其实他是个直性子。

一次，老舍的顶头上司把自己写的小说文稿拿给他，说："老舍先生，请您看看我的小说，多提点意见。"

老舍接下文稿后开始认真阅读，读完后，他对这个作品并不满意。过了几天，上司找到他说："先生，我的小说怎么样？"

老舍直言不讳道："太生硬、粗糙，没有文学色彩。"

上司一听，顿时气得面色铁青，反驳说："我揭露的是现实生活，根本不需要什么文学色彩。我就是不喜欢什么花花草草、日月星辰，这些都是资产阶级情调。”

老舍听后也毫不示弱，没好气地说：“那你就别把作品拿给我看！我就喜欢花花草草、日月星辰，我就喜欢资产阶级情调。”旁边的人听了都十分纳闷，面对自己的顶头上司，老舍居然丝毫不给对方留面子。

老舍先生的作品在阐述人生哲理的同时，也不乏文学性，因此受到很多读者的青睐。而面对一部直抒事实而丝毫不雕琢的作品，他当然不会掩饰自己的真实想法了。除了老舍先生，社会各界的名人里都不乏直性子者。例如：音乐家柴可夫斯基就曾对一位学生说：“你的钢琴弹得烂透了，你真的有一点音乐天赋吗？”

我们能感受到直性子在社交场合的劣势，在批评他们缺乏交际技巧的同时，要明白并非人人都有直言不讳的资本。换言之，直言不讳也需要基础。以名人为例，倘若他们没有学识、没有能力、没有人生积淀，就不可能对他人的作品、办事能力等做出正确的评价，也就不会理直气壮地直言对方的缺陷和不足。

优秀的人性子直也是有原因的。他们对自己的要求很高，无论在工作还是生活中，时刻以高标准激励自己前进，并规范着自己的行为。久而久之，当高要求成为一种习惯后，他们就会把这种高要求转移给身边的人。所以当他们发现别人的缺点后，就会直言不讳地指出，并希望对方加以改正。在他们看来，自己的行为十分合理，殊不知已经给别人的心灵造成了伤害。

社会各界的精英们多少都有点优越感，而优越感往往会让他们忽视了他人的感受，也很难认可其他人的成果。例如：职场上下级之间，由于资历深、能力强，很多上司都有优越感，对员工的工作状态、能力总感到不满，也会无所顾忌地指出员工的不足。有时甚至会当众批评员工，并认为这是理所当然。殊不知这些行为已经伤害了员工的自尊。

能力突出、学识渊博的人，大多心胸宽广，能够接纳他人直面的批评和意见，因此他们并不认为直言不讳会给他人带来心理上的伤害，也不拒绝使用这种方式与身边的人进行沟通。所以他们总给人留下直性子的印象。

有一位物理学家，他在自己的研究领域颇有建树，获得了各种荣誉和表彰，可谓事业有成、风光无限。与之相反的是，由于性子直，他的人缘很差，连亲朋好友都不愿与他往来。

一次，一位同事正在开发新的研究项目，他看过之后就直接说："行不通，这条路我已经试过了。"

"我做过实验了，成功的希望很大。"同事不高兴地反驳道。

"你的实验方法不对。"

"你觉得自己永远都是正确的吗？"同事生气地问。

“我本来就是正确的，各种事实都表明了这一点，否则我也不会得到这么多奖励和表彰，科学杂志上也不会刊登我的论文。”他为自己辩解着。

“你这个狂妄自大的家伙！”同事说完便转身走了。

“我不是狂妄自大，我说的都是对的，你应该相信我！”看着同事摔门而去，他非常不解，为什么自己好心指点对方，不但得不到对方的感激，还会被误解。他郁闷极了。

故事中的物理学家非常自信，多年积累的研究成果让他轻易地就能发现同事的错误，不过由于性子直、说话不好听，对方不但不领情，还对他进行了攻击，这让他颇感无奈。所以性子直不但会让自己的人际交往亮红灯，同时还会影响生活和工作。

人是群居动物，需要相互沟通和交往，无论你是天才还是资质平庸的人，都需要建立自己的圈子，给工作创造便利，让生活更加美好。而直性子的人只有收起自己的锋芒，改变耿直的性格，才能避免得罪周围的人，从而建立稳固、广泛的人脉圈。

稚气未脱，难怪这么直接

在生活和职场中，我们总会遇到这样一群人，他们自认为坦诚、直率，说话做事过于直接，经常让身边的人感到不爽，久而久之他便成了大家孤立的对象。

“王姐，你今天妆化得太浓了，不好看。”看了王姐的打扮，童瑶脱口而出。

“呵呵，是吗？今天下班要参加一个朋友的婚礼，打扮喜庆点人家应该比较高兴吧。”王姐面露尴尬地说。

“哦，不知道的还以为是你要结婚呢！”童瑶笑呵呵地说，全然没有在意王姐难看的脸色。好在王姐为人厚道，没有和她计较。

就在这时，陈蕾也来了。她要和王姐一起去参加婚礼，所以打扮得花枝招展。“你的衣服看起来质量不太好，不会是从地摊上买的便宜货吧？”童瑶扯着她的衣袖问。

陈蕾听了这话，顿时竖起了眉毛，道：“你的衣服才是地摊上的便宜货呢！你不懂时尚就别乱说话！”

“干嘛这么大火气！我是个直性子，藏不住话，可是我没有恶意啊。”童瑶有点不快地说。

“你打着直性子的幌子就能随便中伤别人吗？我又不是圣人，凭什么要体谅你！”陈蕾怒气未消道。

“好了好了，别生气了，童瑶只是太单纯，不太擅长交际。”其他同事都上来劝解。

“她不是单纯，是幼稚！都快三十的人了，说话做事却像个孩子一样，真可笑！”陈蕾说完便走开了，把一脸尴尬的童瑶甩在了身后。

在职场中，每位同事都是平等的，大家没有义务永远包容一个直性子的人。故事中的陈蕾说：直性子不是单纯而是幼稚。这是很多直性子的症结所在。一般而言，一个心智成熟的人，说话行事总会率先考虑他人的感受，站在对方的立场看问题，以免伤害对方，这是对他人最基本的尊重。一个口无遮拦、行事不妥的人，在直性子的表象下，掩藏的其实是不成熟。

不少直性子的人都抱怨，“我只是实话实说而已，大家怎么都离我越来越远呢？”这样的人多半是在童话世界里长大的，他们深信为人直率、诚实就能够获得友谊，相信善良永远都能够战胜邪恶，也相信白雪公主遇难后肯定会有小矮人伸出援手。然而，事实上他们已被周围的人孤立了。因为善良偶尔也会输给邪恶，白雪公主也只能靠自己摆脱困境。

直率、诚实本没有错，但一个人认为只有自己才拥有这种品质，那就太幼稚了。孩子是率真的，他们认为自己看到的、听到的事物都是真实存在的，自己的感受也是独一无二的。其实不然，每个事物在不同时间、场合都能展现出不同的侧面，每个人看到它的感受也不尽相同。孩子大都坦诚而单纯，嘴上所说便是心中所想，毫无顾忌，不懂得照顾他人的感受。倘若一个成年人也如孩子般的口无遮拦，无疑会让他人感到无奈和气愤。

一个成年人，应该有基本的自制力和判断力，除了分辨哪些话该说、在不同场合如何说，还要管住自己的嘴，避免图一时口舌之快而说出伤害他人的话。

生活中很多聪明人都懒于表达自己的观点，不成熟的人才忍不住说出自己内心的想法。当然，装糊涂并非真糊涂，不说不代表不知道，只是有自己为人处世的原则而已。

只有以尊重和善良为前提的语言沟通，才能在让别人心服口服的同时，让自己变得更有修养。就像坊间所说的："谈话让别人舒服的程度，决定着你的高度！"

太自我，性格也会变得直接

很多直性子的人都说："我说话虽然直白，但是没有恶意。"事实上，有的直性子说话做事时是带有恶意的。因为性格的迥异，人们对一件事的看法往往会大相径庭，所以有些人总喜欢用直白或者带刺的话语评论他人，这其实是一种太自我的表现。

"你们看看我这个方案，还有什么需要改进的吗？"程昱兴奋地从办公包里拿出自己足足花了两个星期才做好的方案，请大家提意见。

"太棒了，这是我见过的最好的方案！"

"我也有同感，这么完美的方案，老板看了肯定挑不出一点毛病来。"同事们纷纷夸着程昱的方案。

就在大家赞不绝口的时候，王刚突然来了一句："我觉得挺一般的，你真的是花了两个星期才做好的吗？是不是没有修改过？"

"呃，其实我前前后后改了不下十遍……"程昱解释着，脸色变得有点难看。不过一想到是自己请大家做参谋，他只有虚心地接受批评了。

“你看，整个流程太古板，也没有亮点，这算哪门子的好方案啊！”王刚用笔在方案上标记着，丝毫没在意这是他人辛勤劳动的成果。

“喂，你说话别这么刻薄，行吗？”见程昱尴尬地站在一旁，一位同事不满地对王刚说。

“我是实话实说，谁像你们，就知道一味赞同别人的观点。”王刚理直气壮地说。

“这个方案本来就很完美，你这是‘鸡蛋里挑骨头’！”另一位同事说。

“我以前做的方案比这个好多了，你们是知道的。”王刚自信地说。

“哥们，你可以把方案做好，其他人也可以。其实在我们看来，程昱这个方案比你的更胜一筹。”一位同事直言不讳地对王刚说。

“不可能，你这是嫉妒！”王刚有点生气了。

“我一直以为你说话这么招人烦，只是因为性子比较直，不过今天看来，你不是性子直，而是太自我！”同事扔下一句话便不再理睬他了，王刚气得直瞪眼。

在现实生活中，有的人总是见不得别人比自己好，更不愿接纳比自己优秀的人或者接受一些合理的建议。相反他们总喜欢用带刺的语言回应他人，表面上这是直性子的表现，其实是他们非常自我的一种表现。

人们常说，成熟的稻穗才懂得弯腰低头，不成熟的人永远都昂首向天，目无他人。越是功成名就的人，说话行事越是谦逊温和，令人舒服；反之，一些一事无成的人往往锋芒毕露、夸夸其谈，说话行事从不顾及他人的感受。有时还会用刺耳的语言攻击他人，这种所谓的直性子其实是骨子里的自私在作祟。

黄凯是个直性子，平日里和大家相处时，从来不考虑措辞。大家了解他的性格，也很少计较他的“毒舌”。一次，好友张帆失恋了，约他喝酒排忧。

几杯酒下肚后，张帆痛哭流涕地说：“我很爱她，她为什么要和我分手，你能帮我把她追回来吗？”

作为资深的“单身狗”，黄凯根本不懂什么儿女情长，吃着菜喝着酒奚落张帆道：“你本来就是个‘直男癌’患者，人家不要你也很正常，根本没必要哭得像个女人一样。”

张帆一听，顿时火冒三丈，借着酒劲儿给了黄凯一拳，骂道：“你别自以为是的用语言来攻击我，这么多年，我已经受够你的‘毒舌’了。刺耳的话说出来就那么爽吗？你这个自私自利的家伙！”

生活中不少人都像故事里的黄凯一样，总是管不住自己的嘴，习惯性地对身边的人进行挖苦或者嘲笑，并且还非常享受这种“直”给自己带来的快感。殊不知在旁人看来，这种“直”就是自私。

一些直性子的人难以接受“虚伪”，所以他们选择做一个直肠子，以为这样就能够得到大家的喜爱，但总是事与愿违。当朋友找他们倾诉烦心事时，本来希望能够从他们的语言上得到宽慰，让心灵温暖一些。谁知他们却说“为这点破事有什么好伤心的”“就知道哭，哭能解决问题吗”，这些话不但起不到安慰的作用，还会让朋友心寒。久而久之，朋友们都不愿再与他们谈心，与他们的关系自然也越来越远。

我们在少不更事的时候可以把直性子归咎于不懂事、不成熟，但作为踏入社会的成年人，就不能再随便地展示自己的“直率”了，因为这是不懂得包容和体谅他人的自私表现。我们在保持善良和真诚的前提下，要学会一些人际交往的技巧，管住自己的“直”，建立一个属于自己的交际圈，并为事业的成功打下稳固的基础。

自我保护意识太强，当然格格不入

自我保护意识是一个人的重要能力之一。而生活中有些人的自我保护意识太强，甚至会影响到他们的正常生活。

刘洋是一家策划公司的员工。他业务能力出众，提出的方案总是能得到大家的认同和好评。只是刘洋与同事们的相处却并不愉快，大家都不太愿意与他打交道。

在与他人的相处中，刘洋总是显得格格不入。他业务能力强，其他方面也很优秀，但他的神经总是紧绷着，生怕别人说他不行。有时，即使别人并没有否定他的意思，他也会联想到别人是在针对他。有几次，大家开会研究新的广告方案时，针对刘洋的方案，有一位同事提出了几点中肯的意见。在大家看来很客观也可行，但刘洋心里却很恼火。他觉得同事是在针对他，否定他的能力，就与同事争辩了起来。当他人介绍自己的广告方案时，刘洋总是指出别人很多不足，有些评论甚至很不客观。大家觉得刘洋有些反应过激，不给他人留面子。

其实，刘洋并不是从小就这样。读小学时，他成绩不太好，尤其是数学成绩，总是不及格。父亲对此很恼火，经常训斥他，还拿他与别人家的孩子比，嫌弃他笨。这让刘洋很自卑。在学校里，刘洋总是很内向，有些不怀好意的同学就取笑他，甚至给他取外号。久而久之，刘洋变得特别敏感。总是把别人的话当作不怀好意，即使他人没有恶意，他也会当成是针对他的，所以他总是想着该怎么保护自己，反击他人。有时不管别人说什么，他都直接提出相反的意见。

刘洋的这种个性让他的朋友们很无奈。虽然知道他只是自我保护意识很强，并没有恶意，但他的格格不入让朋友们觉得很累。渐渐地，大家都疏远了他，就连公司的同事也不怎么与他来往了。

故事中的刘洋是一个自我保护意识很强的人。这与他小时候的经历有关，导致他的“自我保护系统”非常敏感。当他感觉到他人的言行会伤害到自己时，就会采取一系列防御甚至是攻击行为。这导致他经常反应过激，也让他与周围的人格格不入。

自我保护意识是每个人维护心理平衡的一种自发性的行为。而日常生活中，人们通常用压抑、补偿等方式来缓解内心的紧张，以此掩饰不能接受的内在冲动和自己所虚拟出来的现实中的危险，从而达到减少痛苦和保持心理平衡的目的。

自我保护意识包括很多种：自救意识、自我调节、安慰等都可以算作是自我保护意识。掌握一定的自我保护意识是每个人生存所必备的。如果缺乏这种自我保护意识，我们很可能会在生活中受到伤害。如果一个人的自我保护意识过强，也会导致过于敏感。一旦感到受伤害，他们便会通过过激的言行去抵抗。在这个过程中，他们有可能会伤害到其他人。那些曾经受到过伤害、自卑心理比较重的人，很可能产生较重的自我保护意识。而言行偏激，以及直来直去的性格，也会让他们难以融入周围的圈子。

甜甜今年 23 岁，刚大学毕业。经过一番努力，她找到了一份还算不错的工作。

甜甜活泼可爱，单位的同事都很喜欢她，她也很快与大家打成了一片。不过，甜甜也有自己的烦心事，因为她的脸上有一些雀斑。虽然也用过很多祛斑的方法，可一直没有什么效果。为此她很苦恼，也有些自卑，很怕别人注意到这一点。

有一天，甜甜与办公室的李大姐坐在一起聊天。两人正聊得开心时，李大姐突然愣了一下，看着甜甜的脸说："呦，甜甜，你这脸上怎么有雀斑呀，以前都没注意到。"李大姐的话让刚刚还在笑的甜甜一下愣住了，脸也变得通红。她一言不发地坐在那里。李大姐却没注意到甜甜的神情，还在滔滔不绝地说着一些八卦新闻。

从那以后，甜甜似乎有了一些变化。一向活泼可爱的她跟大家有了隔阂，不但平时说话很冲，而且还经常直接指出别人的缺点。有一次，李大姐买了一件新衣服，让大家评价一下。有一位同事说："李大姐的皮肤好，这件衣服挺适合的。"

听了这话，甜甜心里不舒服了，她觉得那位同事接下来就会说她有雀斑的事。于是，她立刻说道："是啊，李大姐不像我，脸上有雀斑。大姐皮肤好，可以多尝试一下。"

办公室里的人听了这话，都觉得有点奇怪，李大姐心里更不是滋味，她这才意识到，甜甜最近的反常可能跟她说过甜甜的雀斑有关。

这天，办公室里的另一位同事私下里找到甜甜，说："甜甜，你最近有些不对劲，大家都感觉到了。其实那天李大姐说的话我也听到了，你应该是为那件事介意吧？不过你不用太放在心上，李大姐平时就大大咧咧的，她不是针对你。我们大家都没有针对你的意思，你没有必要总是觉得大家要把话题引到你身上，自我保护有点过头啦。"

同事的话让甜甜冷静了下来。她反思了一下，觉得自己确实有些过分了，其实自己没必要那样敏感和害怕。她试着放松身心，渐渐地又融入大家的圈子里了。

对甜甜来说，脸上的雀斑一直是她介意的，她很担心别人提起这件事。即使他人只是无意或好心想要帮助她，在她看来也带有取笑的意味，这让她感到自尊心被伤害了。李大姐无意中提起这件事，让甜甜一直耿耿于怀，并担心别人再次提起。所以她才反应过激，自己主动提起，并且话中带刺。后来，经过他人的提醒，甜甜意识到了自己的问题，试着放下了过重的自我保护意识，敞开心扉，又融入到了周围的圈子。

自我保护意识太强，其实，也是一种自卑的表现。不妨放松心态，不要将太多精力放在这种感受上。要知道，很少有人会过于在乎他人的事，别人的话可能只是无意，并无针对之意。如果，因为几句话就对别人话中带刺地进行反击，会让自己显得小肚鸡肠。

直性子的人原本就心直口快，如果自我保护意识太强，就如同装在套子里的人。在为自己套上了一层层厚厚的壳的同时，也让自己的耿直更容易伤害到别人。而这种敏感多疑，猜忌偏执，甚至会发展成偏执型人格，将对正常的生活和人际交往带来严重的阻碍。所以作为直性子，在树立自我保护意识的同时，也要自信、开朗。不要过于敏感和封闭，更不能用过分耿直的言行去刺激别人。

自命清高，会让你变得很直接

在我们的周围，总是有些自命清高的人，用一些过激的言行去评价他人，直来直去得让人尴尬不已。

杨青平时喜欢看书，尤其喜欢研究历史。他对历史上的杰出人物非常感兴趣，特别是那些清高却怀才不遇的人士。在杨青看来，孤芳自赏、不合流俗的人才是真正的清高。反之，那些总是奉承领导或其他同事的人都是俗人，是没有尊严的。

在这种想法的驱使下，杨青在单位里就显得格格不入。在他看来，那些主动与别人打招呼，尤其是主动与领导寒暄的人都是在阿谀奉承，组织聚会的同事也是不务正业，那些聚会他觉得就是在浪费时间。所以杨青很少参加同事之间的聚会，也基本不与领导进行任何的交流。在他看来，自己这样做是清高、是独立人格的表现。不过，在其他同事看来，杨青却是不合群，有人甚至认为他自视清高，看不起别人。

最近，杨青参与了一个项目的建设。这个项目是好几个部门的同事一起合作。虽然忙碌，但大家觉得很开心。很多人因此熟识并成为朋友，项目完成后也经常聚会，或是在休息时聊聊天。而杨青却不怎么喜欢这些事情，他私下不跟其他同事说话，除非工作上的事。因为在他心里就觉得这些人很“庸俗”，所以杨青在对待他人的方式上也有些强硬。

有一次，在与一位其他部门的同事讨论项目方案时，杨青与其中一位同事在意见上有些分歧，两人都坚持自己的观点。杨青态度强硬，在他看来这些人只知道在人际关系上花费时间，专业上并不如他。于是，他就说道：“如果能把用来拍人马屁的时间用在提升业务能力上，你也不至于连这个都不懂。”他的这些话让同事莫名其妙又非常生气，当时就要发作。眼看着一场争吵一触即发，其他同事急忙将两人分开。大家都认为杨青的话有些过分，杨青却不以为然，不觉得自己有什么不对。

就这样，杨青的自视清高让他越来越不屑于与其他人打交道，说话也总是直来直去，丝毫不顾及别人的感受。最后，他变得越来越孤僻，朋友也很少。

故事中的杨青在人生观上有着自己的追求，他不喜欢花太多精力去经营人际关系，希望能做到不同流合污。他的想法有些偏激，把同事间正常的交往也看作是阿谀奉承。不仅自己不屑与同事来往，还看不起周围的同事。与同事产生分歧时，用刻薄的语言攻击同事不用心工作，只知道拍马屁。这种偏激的言行不但对他人造成伤害，同时也让他被周围的人疏远了。

清高本是一种美好高洁的品质，但是自命清高则是自以为是的清高，自认为自己非常强大，从而产生一种优越感。这种优越感导致他们看不起任何人。这种心态从根本来说是错误的。带绪和别人交往，就像一架失衡的天平，这种不平衡会导致矛盾随时随地爆发，还严重影响自己的情绪。就好像戴着有色眼镜看全世界，看似是外界有问题，但实际上，问题出在自己身上。

自命清高的人就像故事中的杨青一样，总认为自己追求的才是对的，凡是不符合自己心理和习惯的行为都是不对。因此别人的行为很容易让他们产生不满。一旦产生不满，他们就会将这种情绪表现出来，言行中总是带着攻击的意味。有时会直接用刻薄的语言去教训别人，以此达到抬高自己的目的，这让他们显得唯我独尊。

李超是一个温文尔雅的人。周围的人对他的评价很高，大家都认为李超有着良好的气质，不但与众不同，不流俗，而且还很洒脱。更难得的是，他在保持自己个性的同时，还能与大家很好地相处。

李超喜欢看书，阅历也很丰富，这让他对自己非常了解，知道什么才是最重要的。对他而言，目前的工作事关他的理想，他享受工作的过程，也有很高的抱负，希望有一天能成就自己的一番事业。对于那些为了工作而与他人套近乎、阿谀奉承的人，他相当厌恶。不过，他并未因此就变得愤世嫉俗，而是在保持自我的基础上，与他们和谐相处。

在平时的工作中，李超与同事相处得很融洽。他不像他所厌恶的那些人，总是跟别人套近乎，而是礼貌地与他人相处，不投缘则不深交，但这并不影响他的工作。即使对同事有什么意见，李超也会心平气和，理性对待。

公司里有一位同事，平时喜欢与领导套近乎，有事没事找领导谈话，有时还会在背后说其他同事的坏话。大家都很厌烦他，经常对他冷嘲热讽。李超也不喜欢这个人。不过，他并未因此就区别对待这位同事，而是对事不对人。有一次，这位同事在工作上出了些纰漏。一些人想起了他平时的表现，就觉得不应对他客气，于是就用强硬的语气和措辞来批评他。李超却不同。他依旧保持着自己的说话方式，冷静理智地表达了自己的观点，并用委婉的语气让这位同事意识到自己的错误，同时还心服口服。不仅如此，李超还指出了错误的原因和改正方式。

李超的表现让大家对他很佩服，觉得他虽然也讨厌拍马屁的人，却还能做到冷静理性，不恶语伤人，更不“看人下菜”，是一个值得交的朋友。

故事中的李超对生活有着自己的追求，他希望能洒脱地处理人际关系。但他并未将这种态度强加于他人，也不会因为他人对自己的不同评价而反对别人。即使同事阿谀奉承的行为令他厌恶，但关键时刻，他仍能做到客观理智，对事不对人，让周围的同事心服口服。

清高并没有错，清高是一种气节，是一种坚守本心的品质。但是清高也需要有个限度，不能让过度的清高操纵自己的情绪。每个人都有自己为人处事的原则，即使我们非常厌恶和反感某些人，也不能因为自己的清高而随意地去攻击人家，这样就违反了成年人之间交往的原则——不越界。

保持自己的个性并没有错，但不必用自己的标准去衡量他人。因为每个人的人生态度不同。即使他人的行为确实令你反感，也要用平常心来对待，而故事中的李超就做到了这一点，从而化干戈为玉帛。

“完美主义者”，真的是很苛刻

现实生活中，很多人对自己的要求都很苛刻，他们总希望自己变得完美。不仅如此，他们对周围人的要求也很高。一旦有人有令他们不满的言行举止，他们就会横加指责。

慧慧和男友小东恋爱两年后便结婚了。在大家看来，小东是个很有福气的人，因为慧慧各方面条件都很优秀。她不仅学历高，还做得一手好菜，兴趣也非常广泛，琴棋书画几乎样样精通。最近，慧慧还凭借自己的能力在众多应聘者中脱颖而出，顺利进入了一家研究所工作，薪资也很丰厚。而慧慧也觉得自己很幸运，小东一直对她很好，对她的照顾是无微不至，这让她感到非常幸福。

然而，婚后的日子却出乎小东的意料。小东本以为自己会过上幸福的生活，谁知接踵而来的却是不断的争吵。一起生活后，小东才发现，慧慧的优秀都来源于她的高标准。并且她还是个不折不扣的完美主义者。而且慧慧不仅对自己要求高，对小东也很挑剔，大到衣服的搭配，小到洗碗的速度，她的高要求面面涉及，几乎可以说是“全方位”了。一旦小东做的不如她的意，她就会发火，责怪的同时，甚至会说出一些很伤自尊的话。

有一次，小东拖完地后便去涮洗拖布，突然听到慧慧在说什么。小东过来一看，才发现地没拖干净，留下了几根头发。他急忙捡起头发，说自己没注意到。慧慧却没有放过他的意思，不停地唠叨着，甚至说出“你怎么连这点事都做不好，还能干什么”之类的话。这让小东感到自尊心受到了极大伤害。

而类似的事情在他们的生活中时有发生。久而久之，小东感到非常疲倦和厌烦，甚至想要逃避这种生活。而慧慧也不开心，她感觉生活并不如意，不完美的事情太多了。

故事中的慧慧显然是个典型的完美主义者。她自己很优秀，所以对丈夫小东的要求也很高。一旦小东的言行举止达不到她的要求，她就会感觉生活不如意。而她不留情面的指责，让小东的自尊心很受伤害，为此他们的感情也受到了影响。

完美主义者通常有两种：一种是对自己的要求很高，还有一种是对自己的要求高，对他人也很苛刻。第二种完美主义者表现得会有些固执、偏激，对他人很挑剔。一旦他人的行为达不到他们的期望，即使这些行为与他们没有太大的关系，他们也会心生怨气。不但用神情表达自己的不满，甚至还会用尖酸刻薄的语言去讽刺挖苦他人。这种固执让他人受到伤害的同时，也让他们自己觉得生活不如意，看什么都不顺眼。

思琪是家中的独生女。她的父母对她寄予了很高的期望，希望她在各个方面都很出色，所以从小就很重视对她的培养，并且是学习、家务、爱好等样样不落。他们的努力也没有白费，思琪果然逐渐变成了一个很优秀的女孩子。不仅学习成绩优异，还心灵手巧，性格温婉可人，很受大家的喜欢。

这样的成长经历也让思琪对自己的要求很高，甚至有点“完美主义者”的倾向。只要发现自己有一点事没有做好，她就会烦躁，还会不停地责怪自己。不仅如此，思琪还用她的标准衡量他人。发现别人有什么事做得不够好时，她就忍不住想要指责。这让她的朋友对她有很大的意见，认为她这样做给别人增添了很大的压力，与她相处也不轻松。而她指责别人的话也很苛刻，让别人也很受伤害。

升入大学后，思琪搬到了学生宿舍。而她那一丝不苟的行事风格依旧不变，常常责怪室友某些事做得不好。渐渐地，她发现室友们都在疏远她。联想到以前朋友对自己的建议，思琪突然意识到，自己可能真的有些过于苛刻了，所以她决定改变自己。

有一次，轮到室友李丽打扫宿舍卫生。由于着急参加社团活动，打扫卫生时李丽有些心不在焉，桌子没擦干净。思琪发现后，第一反应是有些生气，觉得李丽连这点事都做不好。但她也意识到自己要控制情绪，所以考虑了一会，她才心平气和地对李丽说："李丽，今天值日桌子没擦干净哦，下次不要那么着急啦，有时间再认真值日吧。"她的话让室友们都愣住了，她们发现思琪不再像以前那样对她们那么挑剔了，语气也平和多了。

思琪在改变自己对他人高标准要求的同时，也学会了体谅他人。即使别人做得不好，她也能委婉、平和地指出来，而不是用情绪化的语言来伤人。而她与室友的关系也越来越融洽。

故事中父母对思琪的培养，让她对自己有着很高的要求。她能把大多数事情做得完美，对别人的要求也很高，希望他人也能把事情做得完美。在与他人相处的过程中，她的苛刻让身边的人不愿意与她接近。当思琪意识到自己的问题后，再发现室友某些事做得不好时，她选择了温和提醒，既缓和了与大家的关系，也改变了"一言不合"就指责别人的做事风格。

"严于律己，宽以待人"，是每一位完美主义者都要铭记的一句话。对自己要求高能促进自己进步，但对他人过于严苛就很容易导致冲突。而完美主义者不妨"放过"他人，因为每个人的处事方式不同，所以不要用自己的标准去衡量别人。要容许这种差异存在，如果他人真的做得不够好，善意、温和的提醒就足够了，而指责、发怒，只会激化矛盾。

父母也是直性子

一个人的性格通常受父母影响的很多。直性子的人也不例外。在很多的家庭中，直性子的父母对孩子的性格发展也产生着不可抹灭的影响。

金磊在一家报社担任主编。他业务能力出众，大家都很认可他。不过，金磊性子比较急躁，有时说话很冲，甚至会口出恶言，伤害他人。

有一次，金磊的一位下属在编辑过程中没有认真校对，印发出去的报纸上有一个错别字。这让金磊大为恼火，因为让他难以理解的是，多年的老员工竟然会犯这么低级的错误。一想到可能面临的批评，他就气不打一处来，把负责校对的下属叫来，狠狠地训斥了一顿。他对下属说："你怎么会犯这么低级的错误？小学生都能发现这是一个错别字吧。你是怎么走到今天的？就这样的能力，我还不如请个小学生来工作呢。"说完后他倒是觉得很解气，但下属心里却很不是滋味，感觉被人看不起，也没有心情工作了。

其实，金磊这样的性格与他的父母有着直接的关系。金磊的父母，尤其是他的父亲，是典型的直性子、犟脾气，经常因为一点小事与家人大动干戈。情绪激动时说话也没有分寸，为此与金磊的母亲经常吵架。金磊的母亲性格也比较直，一旦金磊父亲的话激怒她，她便以牙还牙，什么难听说什么。金磊从小就生活在这样的环境中，父母的恶言恶语对他而言已成了家常便饭。久而久之，金磊也养成了这样的性格，但他自己并没有意识到。

就这样，在父母影响下，金磊养成了直性子、暴脾气，并且这种直性子、暴脾气伴随他走过了中学、大学，还伴着他走上了工作岗位。这样的性格让他不止一次伤害到了别人，而他却不自知。慢慢地就很少有人愿意和他来往了。

故事中的金磊是典型的急性子，他的这种性格与家庭环境有很大关系。金磊的父母都是急性子，经常因为一点小事就大动干戈，出口伤人。在这种环境中长大的金磊，也延续了父母的处事风格，与他人相处的过程中脾气急躁，容易动怒。一点小事就会对他人口出恶言，伤害他人的自尊。而一个人即使工作能力再出众，人际关系方面不如意，也很难生活得开心快乐。

可怕的是，急性子的人也会将这种性格“言传身教”给下一代。受父母的影响，孩子也会做事风风火火，说话大大咧咧。当然，他们也会“遗传”父母的直率大方、不拐弯抹角的优点。但是直性子的孩子做事不踏实，从小就会浮躁，这对他们的健康成长是一个很大的弊端。

父母是孩子的第一任老师，他们处理事情的方式对孩子的影响重大。一个从小就生活在父母经常吵架环境中的孩子，自身的性格中常常也带有暴躁气息，与人相处时透着一股戾气。这样的人如果不努力改变性格，无论是在工作中，还是在生活中，很容易动怒并与他人产生矛盾，也很容易伤害到他人。

杨华是个漂亮的姑娘。她上进努力，活泼开朗，但却一直没有找到一个合适的结婚对象。

其实，杨华的直性子是她恋爱失败的主要原因。刚开始，会有些男士被她漂亮的外表所吸引，对她产生爱慕之心。可在相处的过程中，他们才发现，杨华的性格耿直而急躁，并且还常口出恶言伤害他人。虽然他们心里知道杨华并不是有意的，可还是因为忍受不了而提出分手。有一次，杨华在与男友看电影时，男友随口夸了一句电影女主角长得好看。没想到这句话让她觉得男友是嫌弃她不够漂亮。她生气地说道：“人家好看你去找人家啊，只怕别人还看不上你呢，你以为自己很优秀吗?”杨华的话让男友无言以对，也伤了自尊。没过多久，两人就分手了。

发现杨华的这一缺点后，她的父母决定帮她改掉这个毛病。杨华父母的个性都比较温和，遇事也不温不火。每当她发脾气、口出恶言时，父母就会提醒她，冷静下来，说话之前先考虑一下，不要忽略他人的感受。并提醒杨华，说出去的话就像泼出去的水，再也收不回来了。伤人的话最好不要说。而且要学会设身处地地为他人考虑。父母的提醒让杨华逐渐意识到了自己的问题，她下决心改掉自己的暴脾气。

渐渐地，大家发现杨华不再胡乱发脾气了，并且还懂得顾及他人的感受。没过多久，杨华也找到了新的男友，男友很欣赏她，尤其欣赏她温婉的个性。

故事中杨华的性格比较急躁，容易动怒，经常会为一点小事生气。而“小事化大”，不仅让她自己不愉快，也导致了她与恋人的相处起来总是矛盾重重。父母发现她的这一缺点后，通过提醒、劝导等方式，让杨华意识到了自己的问题，并学会了用恰当的方式控制和排解自己的负面情绪。她的性格得到了改善，也收获了美好的爱情。

当发现自己的孩子性格急躁、脾气耿直时，作为父母可以尝试用积极的方式引导，让孩子的性格得以改变。比如：提醒孩子注意自己的不良情绪，并教孩子用恰当的方式疏导负面情绪等。久而久之，孩子发脾气的次数就会减少，对情绪的感知能力和控制能力就会得到加强。而那些受父母影响，脾气过于耿直而急躁的人，自己也要积极去改变了。例如：回想家庭生活中父母争吵的场景，时刻提醒自己不要重蹈覆辙。并努力控制自己的情绪，注意说话的方式和用词，用平和的心态为自己创造美好、快乐的生活。尽力摆脱父母留在记忆深处的阴影。

作为父母在孩子面前也要学会控制自己的情绪，不要动不动就对孩子发火，平时对孩子说话时也尽量保持耐心，并且还要注意在孩子面前保持礼貌，这样孩子的性格才能得到良好的发展。

直性子有优有劣，作为父母，要引导孩子汲取自己的优点，改正缺点，这样才能促进孩子健康成长。

都是“负能量”在作祟

每个人在生活中都会受到不良情绪的影响，有的人很容易产生消极心理，而这些不良情绪也会转化成一种负能量，影响他们的处事方式。

小洁大学毕业后，进入了一家出版社工作。她工作能力很强，领导布置的任务总能及时完成，各方面的工作上手也很快。不过，她在公司里的人缘并不好，很少有人愿意跟她做朋友。因为在大家看来，小洁说话很冲，有时简直让人难以忍受。

小洁个性比较内向，长相也不出众。初中时，她的成绩也不好，各方面的劣势让她很自卑，也不愿意跟别的同学打交道。一些不怀好意的同学就欺负她，挑唆其他同学疏远她，有的甚至给她起外号。在班上，小洁一个朋友都没有，也没有倾诉对象。有些同学为了刺激她，还故意在她的面前互相嬉笑打闹，向她展示自己的好人缘。从那以后，小洁就很少信任他人了，她总觉得别人是在向她炫耀些什么。尤其是那些嬉笑打闹的同学，在她看来简直就是在刺激她。

有一次，同事小燕来找小洁聊天。小燕在讲到前几天自己与办公室另一位同事逛街的趣事时，忍不住嘻嘻哈哈地笑了起来。但是在小洁听来，这不仅没什么可笑的，而且还有一些炫耀的意味。她觉得小燕是在笑话自己只能一个人逛街。

于是，还没等小燕说完，小洁便说道："有什么好笑的啊，我觉得有时间逛街还不如自己看看书呢，还能学点东西，不至于只知道逛街，而不学无术"。

听了她的话，一头雾水的小燕实在不知道自己说错了什么，竟让小洁如此出言不逊。在尴尬中她走开了。从那以后，小燕很少主动再与小洁说话了，担心自己一句话说不对而惹她生气。

但小洁并没有意识到自己的问题。在她看来，很多同事的行为都是在针对她，她很嫉妒那些经常一起说笑的同事，也常常口出恶言讽刺他们。因此她的人缘越来越差，最后，导致大家都不愿意跟她说话了。

故事中的小洁因自身条件不好，总有一种自卑感，再加上一些人不怀好意的疏远、嘲笑，让她不敢再相信任何人，总感觉每个人都在嘲笑她、愚弄她。在这种负能量的影响下，小洁很少敞开心扉与他人相处，并且总是在曲解他人的意思，一旦感觉别人的话冒犯了她，她就会针锋相对。

小洁这样的人在我们的生活中并不罕见。他们脾气急躁，说话总是直来直去，语气很冲，有时还会与他人针锋相对。这些人大多是由于一些不愉快的经历，导致他们内心积攒了大量的不良情绪，久而久之就形成了一种负能量。这种负能量，会让接近他们的人感到不愉快，有时还会受到伤害。

而这些负能量其实是人的情绪产生的“垃圾”。就像人的身体会产生垃圾一样，人的情绪也会产生“垃圾”。如果不及时将这些情绪垃圾清除出去，就会对人的心情产生负面影响，久而久之还会导致抑郁等心理疾病。不仅影响人际关系，还会严重影响到自己的身心健康。

天一参加工作已经有几个月了。不过他与办公室的同事相处得并不融洽，因为天一总说些情绪化的话，让别人感到很受伤害，也很生气。

天一的家境普通，父母都是工人。在他读初中时，父母双双下岗，只能靠打些零工来供他读书和生活。天一虽然很努力，但学习成绩一直没有大的提升，始终徘徊在中下游，最终只考取了一所普通的大学。而天一总是觉得自己运气不好，对那些看起来比他幸福的人总是有些嫉妒，跟他们说话时总是话里带刺。

有一次，办公室的同事谈到国庆节的安排。大多数人都想去旅行，也有同事说想好好陪陪家人，过几天家庭生活。这时，天一突然插嘴，说道："真羡慕你们这些好命的人，可以旅行、待在家里喝茶看报。我就不行了，还得做兼职赚钱补贴家用。"天一的话让大家心里很不舒服，感觉自己的生活像是罪过似的。

过后，同事小北找天一聊起这件事。小北说："天一，你过去的生活是不太容易，这个大家都了解。可是你也不能因为这个原因就总是嫉妒、针对别人啊。这跟别人并没有太大的关系。你那样说话让大家很尴尬，心里也不舒服。我看你还是客观冷静些吧，要多些正能量哦。"

同事的话提醒了天一，他突然意识到，一直以来自己仿佛都生活在负面情绪中，总是对别人不满或是充满嫉妒，还常常出口伤人。他感到很羞愧。从那以后，他开始有意识地控制自己的情绪，不再对别人冷嘲热讽。他与大家的关系也得到了很大的改善。

由于自己过去的生活比较艰难，故事中的天一对比自己过得好的人总有一种抵触情绪。不管别人说什么，他都能联想到自己，在拿自己与别人对比时，对别人的生活也充满嫉妒，甚至还埋怨世界的不公平。这种负面情绪导致他总是对别人话中带刺，让别人不自在。在他人的提醒下，他意识到了自己的问题，并逐渐摆脱了负能量的影响，从而也改善了自己的人际关系。

要想生活得更愉快，必须要改善与他人的关系。这里有几点建议供各位读者参考。

首先，在意识到自己的内心不平静时，要观察自己的情绪，分析这种情绪产生的原因，从而做出改变，并扫除这些情绪障碍。

其次，要知道负面情绪的出现是正常的，但是情绪要靠“疏”，而不能靠“堵”，更不能靠直性子一贯采取的方式：一股脑的全部倾泻；纵容负面情绪搭乘直性子这艘快船，在生活中横冲直撞，要阻止这些负面能量伤人伤己。并找出正确的方法，合理并有效地将它们释放出去。

最后，我们要明白，产生负面情绪并不可怕，可怕的是这种情绪导致的对抗和针对性的行为。所以作为生活在社会中的人，我们要有自控能力，不能被情绪所掌控，要做情绪的主人。

时刻要告诉自己，越放松越快乐，多给自己的生活增加美好和阳光。

自尊心太强，就会成为带刺的“玫瑰”

自尊心是一种可贵的品质，也是每个人必备的品质。不过，如果自尊心太强，在人际交往中，则有可能刺伤别人。

琪琪是个聪明善良的姑娘。她出生于一个普通的农民家庭，父母都是地地道道的农民，家里也并不富裕。但是琪琪很争气，她把大量的时间和精力都用在了学习上，所以成绩一直名列前茅，并顺利地考上了一所重点大学，也成为村里的第一个大学生。

琪琪对自己的出身并不是十分介意，但她总怕别人看不起她，因此很好强，事事都要争第一。因为对别人的言行举止过于敏感，让她常常“反应过激”。

大学时，琪琪是宿舍里唯一一个来自农村的学生。为此，她很注重自己的言行，生怕别人看不起她。有一次，室友新买了一条裙子，试了后发现不适合自己，觉得很适合琪琪，便说想送给琪琪。没想到，这让琪琪觉得这位室友是在可怜自己，认为家境一般的她没能力买新衣服。于是，琪琪绷着脸拒绝了室友的好意，并对室友说："我是从农村来的，家境也确实不好，但买裙子的钱还是有的，不需要别人的同情和施舍。"室友见她误会了自己的意思，连忙解释，说自己没想那么多，就是觉得这条裙子退不了，不穿可惜，又适合琪琪，所以才想送给她。但琪琪什么都听不进去。

这样的事情在琪琪的生活中经常发生，朋友们理解琪琪，但她过分强烈的自尊心以及那些过激的话，也让大家有受伤害的感觉。所以他们也逐渐疏远了琪琪。

故事中的琪琪是一位自尊心很强的姑娘。她自强自立，很怕被人看不起，所以一直努力上进。她内心对自己的出身有一种自卑感，害怕别人因此看不起她，于是，总是努力维护自己的自尊。室友的好意被她曲解，并让她产生了过激的反应。

自尊心是一个人为人处世中必备的素质。很难想象，一个缺少自尊心的人能否得到别人的尊重。自尊心能够激发人的潜力，让人不断进步，并赢得他人的尊重。如果一个人的自尊心过强，不但对生活没有帮助，反而会成为人际交往中的阻碍。自尊心太强的人容易产生孤傲的心理，他们不能正确地看待自己的优点和缺点，不能理智地对待他人的批评。自尊心太强的人还会产生一定的虚荣心，他们不能正确看待别人比自己优秀的地方，甚至还会为了维护自己所谓的"面子"，而在言行上对别人进行攻击。

文成大专毕业后，在一家设计公司找到了一份工作。办公室里一共有五个人，除他之外全都是本科毕业，而且他们都有着丰富的阅历和经验。

刚到公司时，文成总有些自卑，他觉得大家在学历和经验上都比他强。在这种自卑心理的刺激下，文成的自尊意识很强，生怕别人说他学历低。有时，即使大家在谈论别的话题，他也能联想到这一点，还会语中带刺地“反击”别人，这让大家很尴尬。

但时间长了，文成发现大家似乎不喜欢跟他说话，除了工作需要，很少有人主动与他打交道。文成反思后意识到，是自己过于在意学历差距，让自己产生了过激反应，影响到了别人。而且太过于在意学历差距，让文成自己也很累。为此，文成决定改变自己。

文成开始试着放松自己，并在心里告诉自己，学历并不能代表一切。首先，要相信自己的能力，不要总是害怕别人说自己不行。而且自己学历比别人低是事实，即使他人无意中提到了，也不一定就是看不起自己。

明白了这些后，文成比以前放松多了。再也没有因为别人无心的一句话就展开“反击”，他甚至能跟大家开玩笑说起自己的学历比其他人都低这回事，还会主动向大家请教，希望在大家的帮助下不断进步。大家对文成的认识也有了改变，越来越能接受他，也愿意尽他们最大的能力去帮助他。

故事中的文成，因为学历比别人低，就产生了自卑心理。并在这种心理的影响下，自尊心也变得很强，担心别人看不起他。这种心理导致了他与别人相处时反应过激，因为过于在乎他人的评价，有时会为了保护过强的自尊心而伤害他人。在意识到这一点之后，文成试着让自己放松，不在过于在意自己的学历，树立自信的同时，也端正了自己的心态，并改善了与同事之间的关系。

如果一个人的自尊心过强，这是因为他对自己的认知不客观。因此要想纠正自尊心过强的心理，就要正确地认识自己，了解自己的优点和缺点。即使他人指出自己的缺点，也不要耿耿于怀，要将其看作是自我提升的途径。这才是真正的自尊。

自尊心很强也不一定是坏事，重要的是要用恰当的方式处理。如果能够理性对待，就能将这种心理化为进步的动力。很多成功人士正是凭着一股不服输、想要证明自己的精神才一路斩关过将地实现了自己的理想。

心急吃不了热豆腐

生活中，总有些人做事急于求成。一旦不能成功，就会产生焦躁不安的情绪，有些人甚至还会做出一些令自己后悔的行为。

正所谓“心急吃不了热豆腐”，人越是着急，越难把事情做好。

秦风是一个典型的急性子人。无论做什么事，他都是顾前不顾后，有时还会做出一些让自己后悔的行为。

几个月前，秦风在与一家饭店老板闲聊时，发现投资饭店的利润空间很大。他想如果自己投资，应该能赚到不少钱，以后就不用这样辛苦地工作了。于是，经过几天的考察后，他便辞去了工作，将自己的积蓄加上从朋友那里借来的钱，用在了自己未来的事业——开饭店上。

秦风投资了一家东北菜馆，装修好后就开始营业。他想，自己选择的地方不错，东北菜又是广受本地人欢迎的菜品，生意一定没有问题。然而出乎他意料的是，附近已经有几家东北菜馆了，而且口碑良好，人们似乎也更愿意光顾那几家饭馆。秦风的东北菜馆试营业了几天，却没有几个客人。

偶然间，秦风发现对面的早餐店生意不错，每天早上都有人排队吃饭。于是秦风立马决定，将自己的东北菜馆改成早餐店。忙活了一个月，终于达到了他的设想。然而情况还是不如意。早餐店刚开业几天了，客人还是少得可怜。于是秦风有些懊恼，他觉得可能自己不是做生意的料，决定把餐馆卖出去。说来也巧，他刚将转让店铺的启事贴出去，就有人来兑店了。秦风觉得自己折腾了这么久，也不再期望什么获利，能把店盘出去就可以了。在这种想法的驱使下，他没有和买家多讨价还价，就以较为便宜的价钱把店给兑掉了。

然而令秦风没想到的是，他刚把店盘出去没多久，早餐店的客人就多了起来。很多食客都听说原来的早餐店对面又新开了一家早餐店，味道也不错，于是，都到秦风原来的早餐店吃早餐，并且还排起了长队。此情此景让秦风追悔莫及。

故事中的秦风性情急躁，沉不住气。在创业过程中，他总是急于求成，一开始他的创业决定就很草率。创业之后，由于生意一时不理想，他便又改变了经营方向，看不到起色后又匆匆地卖掉店铺，最终后悔莫及。

在我们周围，很多人都像故事中的秦风一样，性情急躁，容易焦虑，办事急于求成，一旦事情办不成就会气恼，有时甚至做出让自己后悔的选择。而这种人在与他人相处时也很容易激动，稍有不对便冲人发火，让气氛很尴尬；有时还会因为激动而口不择言地伤害他人，这对工作和人际关系都很不利。

李峰是出了名的好脾气。不管遇到什么事，他都不温不火。跟人相处也是一样，他总是想清楚了再说、再做。

有一次，李峰正在上班，单位的同事云雷突然气势汹汹地走过来，质问他为什么骗他，还说李峰是故意的，甚至说李峰是小人，这些难堪的话让在场的其他人都听不下去了。然而面对这样的质问，李峰虽然一头雾水，心里也有些生气，但并没有发作，而是连忙请云雷详细地把事情的原委讲清楚。云雷气愤地对李峰说："我来这儿上班比较晚，有些问题不太了解。昨天我在技术上遇到一点问题，不知道该怎么处理。我来问你，你告诉我一个方法，还说一定能决定问题。我听了你的话，就那样做了。结果今天在我们部门的会议上我被骂得狗血喷头，主任说他从来没见过有人犯这种低级的错误！"

听了云雷的话，李峰还不明白。因为按照他的经验，他告诉云雷的方法并没有错误。他想了想，决定带云雷去找主任问问。经过探讨，李峰发现原来是主任搞错了，云雷在李峰指导下完成的任务没有任何问题。

而这样的局面让云雷很尴尬。他觉得自己冲动的言行一定伤害到了李峰，都不好意思再跟李峰说话。没想到李锋却主动对他说："没关系，你别太在意，这是一次误会。以后咱哥俩还是好朋友。"

李峰的话让云雷很感动，他没想到自己能轻易获得谅解。而其他同事也一再称赞李峰的冷静和"慢性子"，都说幸亏他当时没有对云雷的冲动，做出冲动的回应，否则两人的关系可能就难以挽回了。

故事中的李峰是一个性情平和的人，面对云雷怒气冲冲地质问，他没有动怒，而是冷静地问清了事情的原委。正是他的平和和妥善的处理方式，才使得事情没有恶化。

性情急躁的人在与他人相处的过程中，很容易直来直去。因为急躁的个性让他们没有耐心，也很难冷静下来，往往会在情绪激动时做出过激的反应。所以性情急躁的人要试着让自己慢下来，与人相处时，不管发生什么事，都要先冷静理智地把事情搞清楚，然后再采取行动。并且在情绪激动时要学会控制自己的行为，不要说些可能会让自己后悔或是伤害他人的话，或做出伤害他人的行为。

因为人生在世，不如意的事经常会有，不要为一点不如意的小事浪费精力。要树立远大的目标，包容日常生活中不如意的小事，宽容地对待生活，让自己多一些平静和温和。

第三章

懂得低头弯腰，方能淡定从容

别有那么多“看不惯”

“我就是喜欢你看不惯我，又干不掉我的样子。”有一段时间，这句话特别流行。仔细想想，还真是那么回事。即使看不惯别人，你又能怎么样呢？说出来，只能自己徒增烦恼。

张莉有一个十分要好的朋友，叫钱衡。不论是家世、学历还是工作，都很优秀。因此钱衡在对待陌生人时，总表现得很高傲。

而张莉是个直性子，只要看不惯谁，就会直接说出来。有一次去郊外游玩的时候，她就直接批评钱衡很高傲。

那次，张莉、钱衡，还有几个相熟的好朋友，一起去郊外游玩。中途休息的时候，遇到了一个女孩，女孩对钱衡有些意思，想要与钱衡保持联系，于是，就问他要微信号。但是钱衡很直接地拒绝了。

钱衡说：“不给。”然后就再也没有理睬那个女孩。张莉看不惯他的做法，就说道：“我说，你能不能别那么傲啊，让人家女孩多难堪啊。”

而钱衡却嬉皮笑脸地说道：“我就是这么个人，你看不惯，你来打我呀。”

张莉听了有些生气。但事后想想，钱衡这么做也没什么错，只是自己看不惯而已。

故事中的张莉看不惯钱衡对待陌生人的态度，就上前指责他。但是钱衡的做法又有什么错呢？他只是遵从了自己的心意，拒绝了女孩索要微信号的要求而已。张莉所谓的看不惯，只是钱衡没有依照她的观念行事。每个人都有自己的为人处事之道，你看不惯别人的处事方式，你就能直接指责别人吗？这种想法未免有失偏颇。

没有任何人敢说，自己就一定是对的。其实，你看不惯别人，实际上就是看不惯自己。简单地说，就是你看不惯别人的时候，你身上或多或少也会有那些毛病。所以当你看不惯别人的时候，先从自己身上找问题吧。

看不惯别人，其实是自己的修养不够。如果你有很高的修养，就能够很清楚地认识自己，也能自发地去宽容别人的行为，而不会总是看不惯别人的行为，然后横加指责。

性子直了些是小事，但要是以此为借口，看不惯别人的行为而妄加指责，那就是大事了。每个人都有自己的立场，对人对事有不同的看法。你的看法不一定就是对的，或许在你看不惯别人的时候，别人也看不惯你的所作所为。换言之，即使你看不惯别人的行为，那又能怎么样呢？别人或许还会坚持自我，你只能白白地给自己找烦恼，甚至与人交恶。因此不管你有多么看不惯别人，还是别那么直言不讳，要多从自己的性格上找原因。

举个例子，你闻不得烟味，所以就看不惯抽烟的人，这很正常。但是因为看不惯别人抽烟，就随意指责别人，或者上去掐灭别人的烟，这就是你的修养不够了。你说，我是个直性子啊，我看不惯就是看不惯，何况他还做得不对。但你看不惯的事情那么多，你以为都能用这种方式解决吗？成年人，要学会用理智的方法来处理问题。

对待看不惯的事情，有三种选择：第一，保持沉默。也许别人并没有做错，只是你看不惯而已。比如：女生染头发。第二，用合理的方式去改变这种现象。如果别人的做法确实有问题。比如：随地乱扔垃圾。第三，在无力改变的情况下，接受现状。因为吐槽并没有什么意义，只会让你不开心。

洋洋开了个微信公众号，小半年后，也有几万人关注了。在运营公众号的过程中，洋洋遇到了不少“键盘侠”。“键盘侠”，通俗地讲就是指在网上指责别人，随意谩骂别人的一类人。

记得有一次，洋洋写了一篇文章，题目是《婚前到底该不该有性行为》。文中他举了个大概就是婚前没有性行为，婚后会很不愉快的例子。谁知，参与评论的人比之前多了几倍。有人评论道：“这种文章也有人看？女的，就是不爱惜自己。”“现在的风气就是被你们这些人带坏的。”

洋洋是个直性子，看到这些评论，当即就来了气，回复道："那你别看，像你这样什么都看不惯的人，请别再关注我的公众号。"

那人果然取消了对洋洋公众号的关注，但在取消关注之前，又评论道："像你这样的作者，真是误人子弟。"

见状，洋洋有些哭笑不得，不知道该说些什么。

如今的社会，人们似乎陷入了一个怪圈，对什么都看不惯。他们看不惯明星生二胎，看不惯别人写的文章，看不惯别人的生活太幸福。不顾别人的感受，随意地指责别人。有些人的话甚至不堪入耳，好像别人总是不顺他们的心意。可是，这些"键盘侠"们看不惯别人，别人就要被指责，被伤害吗？看不惯别人，就别关注。如果看了，也管好自己，别随口胡说。虽然你是直性子，也没有伤害别人的权利。仗着自己脾气直，就要求别人包容你，未免有些可笑。

很多直性子的人都会有这样的一种错误认识：我看不惯你，我就必须得说你。我不表达我的看法，心里就不舒服。

现在社会讲究言论自由，但是言论自由，也是建立在社会规则、法律的基础之上的，没有人可以不受拘束，想说什么就说什么。

看不惯，说到底，就是事情没有依照你所想象的套路发展，你觉得这个世界上怎么会有这么不可思议的人，他们可真是愚蠢。但是不是你觉得别人该怎么样，他们就该怎么样。别人的生活，你并不了解，就别指手画脚了。有时候，你之所以看不惯别人的言行，或许还是嫉妒呢。看不惯别人，其实是给自己找气受，与其这样，不如看开点，宽容待人。这时你就会发现，哪有那么多看不惯的人、看不惯的事，无非是自己想得太多，管的太宽罢了。

与其抱怨不公平，不如努力找出路

勇于承认并接受世界的不公平，才是最明智的做法。不要因为遭遇了不公平的待遇就抱怨，而是要努力奋斗，生活才能越来越好。

顾强跟妻子李丽华都是一家国有企业的工人，最近，他们下岗了。他们觉得很不公平，虽然他们没有什么文化，但在这家企业工作了那么多年，怎么也不能说辞退就辞退啊。然而抱怨是没有用的，要想生活下去，就得想办法赚钱。

他们拿出两万块钱，租了一间小门面，卖起了早点。但是两个月时间，就亏了几千块钱。

夫妻俩没有时间抱怨，只能想办法改变现状。经过认真考虑，他们把稀饭做成了正餐，又推出了各种各样的稀饭，不仅营养，而且价格便宜。他们还给自己的店起了个名字——“李姐稀饭大王”。

每天，顾强早早就起来做稀饭，妻子则到处贴小广告，希望能吸引更多的顾客光顾。终于，在两人辛苦坚持了几个月后，店里的生意逐渐好了起来。人们吃完后都赞不绝口，一传十，十传百，稀饭店便远近闻名了。

顾强也加紧研究，将原来的十几种稀饭，增加到了二十几种。同时还研究出了具有保健价值的稀饭，而他们的生意也变得越来越好。后来，一到吃饭时间，店里就挤满了食客，甚至外面还排起了长队。就这样，夫妻俩凭着自己的努力，过上了富裕的生活。

生活中，总会有这样或者那样的不公平，我们要学会去接受而不是去抱怨。有的人会利用自己占有的社会资源，轻易地过上他人艳羡的幸福生活；有些人可能是领导的亲戚，所以比你更快地升职。像这样的例子，现实中比比皆是。虽然这很不公平，但我们已经踏入社会了，就要认清现实。有些人性格耿直，遭遇了不公平的对待，就会火冒三丈，向别人抱怨，或者是自怨自艾，但是抱怨是没有用的。面对“不公平”，我们只能比别人更努力。人们常说：梅花香自苦寒来。只要努力了，坚持了，终究会有所收获。有时候，当你鼓起勇气，继续努力，把遭遇的“不公平”甩在了身后，或许就能过上幸福的生活。而勇于正视现实的不公平，努力寻找新的出路，才不会陷入越来越糟糕的境地。抱怨不仅不能获得所谓的“公平”，还会让别人觉得你怨天尤人。

造物主为你关上了一道门，就会给你打开一扇窗。只要我们找准自己的优势，放弃抱怨，乐观积极地生活，就会逐渐远离那些“不公平”。

每个人生来都是不一样的，除了智商外，家庭环境、教育环境都是导致差异化的因素。所以人与人之间本来就是不公平的。但是世界再怎么不公平，也没有绝对的绝望。也许，你没有富裕的家境，但你依然可以努力学习，考上理想的大学，继而找到自己喜欢的工作。即使你没有那么富裕，但是依然能够生活得很幸福。假如你觉得这个世界不够好，不公平，那就先改变自己。与其抱怨，不如多花点时间提升自己。

肖强的父亲早年投资失败，不仅赔光了所有的钱，还欠了一大堆债。为了还债，肖强白天正常上班，夜里还要去酒吧驻唱。后来，肖强存了点钱，开了一家火锅店。刚开始，肖强雇不起太多的人手，就只能自己多干。他没日没夜地工作，就是希望早点还清父亲的债。

有一次深夜，他忙完后，哥哥来接他回家。车上，哥哥问他：“你觉得辛苦吗？”

肖强满脸疲惫地说道：“辛苦。哥，以前家里有钱的时候，我从来不知道做人会这么辛苦。那时候，我的脾气很直，根本不会隐藏自己的情绪，不开心了就会说。后来，家里生意失败，我抱怨过，觉得上天怎么那么不公平，偏偏让我摊上了这样的事情。

但后来被女朋友骂醒了。她说我窝囊，只会抱怨，只会说不公平，却什么都不会做。我突然意识到，我得做点什么。”

哥哥说：“你跟以前一点也不一样了，有时候我想，这或许是件好事。”

“我觉得是好事，人只有经历了，才知道，抱怨不公平没用，做点实际的比嘴上说开花有意义多了。”肖强闭着眼睛说。

遭遇了不公平，一味地抱怨，只能白白地消耗自己的时间和精力，学会管理自己的情绪，也是一种能力。有些人会说，我性子直，藏不住话，遇到了不公平，心里不舒服就得说出来。如果这样，就换种方式去表达，不一定要说出来，说白了，你要表达的只是一种情绪而已。比如：去打打篮球、跑跑步。舒缓了那些糟糕的情绪，就请继续努力，不要再喋喋不休地向别人诉说你的痛苦了。只有你自己，才是你的救赎者。

这个世界本来就是不公平的，但是那又能怎么样呢？你是一个成年人了，假如连这一点你都不愿意承认和面对，那你还怎么能过上梦寐以求的生活呢？如果还妄图寻找绝对的公平，那就是愚蠢了。年纪越是增长，你就会越来越清楚地认识到，世界的本质就是不公平。即使那些成功人士，他们也会遭遇不公平，更无力去改变一些东西。世界是不公平的，明白了这一点，你才能更快乐。

让自己忙起来吧，大多数时候，那些总是喜欢抱怨世界不公平的人，都是些无所事事的人。人一旦没有事情做，就很容易对周围的人或者事物产生非议。因此千万不要让自己闲下来去胡思乱想。如果你忙得脚不沾地，哪里还有时间去抱怨世界的不公平呢？如果你觉得自己总是遇到不公平的事情，请检讨一下，是不是你不够努力，闲暇时间太多了？

宠辱不惊，才能笑看人生

宠辱不惊，闲看庭前花开花落；去留无意，漫随天外云卷云舒。

秦壮是某家汽车公司的职员，年底因为业绩突出，秦壮被奖励了一辆小汽车。他十分开心，自我感觉良好。他觉得，公司里的每一个人都非常羡慕他。

最近，秦壮却变得有些郁郁寡欢了，经理已经说过他几次了，但他的状态似乎越来越差了。事情还要从上周说起。

上周，秦壮约了一个客户，在去见客户的路上，中途因为堵车迟到了，等他到了约定地点的时候，客户已不在了。原来客户下午有事情要办，等了秦壮半个小时，打电话给他，而他又一直在堵车，于是，客户就走了。电话里，客户稍微抱怨了几句。就这样的一件小事，让秦壮感到了深深的挫败感。工作状态不好，车就卖不出去。加上经理还说了他几句，秦壮就更加沮丧了。

故事中，秦壮的情绪很容易受外界因素影响，他获得了奖励，就自鸣得意。被别人抱怨几句，就沮丧万分。对一个成年人来说，这显得有些太不成熟。踏入社会了，就要学会不以物喜，不以己悲。情绪总是因为外界而大起大落，这确实不是一件好事。

明代文学家、书画家陈继儒所撰写的《小窗幽记》中提到：宠辱不惊，闲看庭前花开花落；去留无意，漫随天外云卷云舒。宠辱不惊是传统的道家思想，指的是待人处事能够将宠辱看得稀松平常，就如花开花落一般，遇事才能处变不惊。简言之，只有心境平和的人才能在喧嚣的世界中淡然地面对一切，才不会被外界的东西刺激到。

小林已经工作三年了。他平时比较在意别人对他的评价，经常会因为别人的一句话而情绪激动，而他又是个直性子，高兴不高兴都要说出来。

小林的工作是保险业务代理，这就要求他时刻要保持一种积极向上的心态，才能更好地向顾客介绍自己的业务。但这对小林来说似乎有点困难，因为，他经常会因为领导的一句批评而闷闷不乐。

有一次，领导发现小林在工作中有些打不起精神，业绩也下降了许多，便对他说："小林，你最近是怎么了？这样的工作态度可不行啊！你看你这业绩，创造了你的最低记录了。再这样下去真的不行。"

在领导看来，自己说这些话只是为了督促小林，让他振作起来。但在小林看来，领导的这些话让他觉得自己的努力被否定了。为此，他因这几句话耿耿于怀，工作时心不在焉，业绩下降得更厉害了。领导没想到，很平常的几句话，竟让小林一直这么在意。对于领导的夸奖，小林同样也很在意。有几次领导在工作会议上表扬了他，他便高兴得合不拢嘴，甚至有些膨胀，觉得自己的业务能力很强，跟其他同事说话时也有些趾高气扬。

人际交往中，小林也是这样。他很在意朋友对他的评价。如果朋友称赞他，他不仅很开心，还会加深对这位朋友的感情，以为两人的感情比海深；反之，如果朋友指出了他的一些缺点，即使很客观、委婉，他也会很不开心，感到自己被否定了，进而对批评他的朋友产生反感。对于他的这些特点，朋友们虽然无奈，却也只能包容。

像故事中小林这样的人，在我们周围有很多，他们看起来性格直爽，开朗爱笑，实则内心很敏感。他们对外界的人和事总是格外在意。这其实不是一种好的习惯。因为每个人都有自己的做事方法，如果总是担心别人说什么，就什么事情都做不好了。因此我们要做到宠辱不惊。

做到宠辱不惊说容易也容易，说难也难。那些在别人看来宠辱不惊的人，大都有着丰富的人生阅历，所以他们才会泰山崩于前而色不变。总之，别把自己关在小圈子里，即使对陌生环境有抵触，也要努力去尝试。假如你不去接触新的环境，又怎么能有丰富的经历呢。

如果很难做到不在意别人，那就换种思维去思考问题。比如：遇到开心的事情了，就在心里问问自己，这件事情有什么好笑的，这样一想，你就会冷静下来。遇到不开心的事情了，就告诉自己，这根本没什么大不了的。多这样练习几次，养成习惯后，也就不会那么在意别人的看法和说法了。

越牛的人，越懂得放低自己

没有能力，还总是喜欢高高在上的人，很容易被人耻笑；而拥有超强的能力，也总是高高在上的人，也会让人厌恶。因此要想受人欢迎，就要放低自己，谦逊待人。

奥斯卡影后娜塔莉·波特曼在颁奖典礼上穿得非常朴素。她下身着一条便宜的牛仔裤，价格似乎不超过百元；上身一件纯白的衬衣，也不是名牌；精致的耳环，但也不是很值钱。镁光灯下，明星们个个珠光宝气，只有她显得如此“不认真”。

记者问她：“这么盛大的颁奖典礼，您穿着却如此朴素，是不是不太重视这个典礼？”

记者的问题明显是想引她入坑，明天好写一个大新闻。

但她却直言道：“我很重视这场典礼，并没有轻视它。我只是担心别人因为钻石长裙而认不出我是娜塔莉·波塔曼。我要学会放低自己的姿态，把自己当成一个普通人。这样，我的事业才能不断发展，人生才会更加的美妙。”

娜塔莉·波特曼说放低姿态，人生才会更加美妙。事实的确如此，所以无论你是牛人或名人，也都要谦虚待人。

我们认识的人越多，就越会发现，那些真正的牛人，在与人交谈的时候，让人十分舒服。相反，那些平庸的人，总会摆出一副“我很牛”的样子，也许，他们也取得了一定的成绩，但与真正的牛人相比，他们并没有那么“牛”。

有些人喜欢摆架子，表面上看是为了维护他们的尊严，实际上他们是希望得到他人的尊敬。但人的尊严是自己给的，当你自重的时候，别人才会尊敬你。而总是一副拒人于千里之外的样子，并不会显得你很强大。何况，真正强大的人是不会这么“虚张声势”的。

常常自诩自己能力很强的人，内心往往非常弱小，他们并没有自己说的那么强，只是希望通过“伪装”来赢得别人的仰慕。他们大多数都属于那种“一桶水不满，半桶水晃荡”的人。所以与其日后让别人戳穿自己，还不如谦虚待人。因为一个人有没有真本事，别人一眼就可以看得出来。

袁伟研究生毕业后，顺利进入了一家广告设计公司工作。或许是还没有接触过社会，所以刚进公司的时候，袁伟性格很耿直，经常跟同事夸夸其谈。尤其是知道公司只有他一个研究生后，他自我感觉就更好了，总感觉别人都比不上他。

在这种心态的驱使下，袁伟非常喜欢摆架子。不管是说话还是走路、办事，他都会摆出一副趾高气扬的姿态。对一些老员工，他也不太尊重，也从来不会跟他们主动打招呼。同事们都觉得他刚毕业，不太懂事也可以理解，所以一直包容着他。没想到这反而纵容了他，他越来越目中无人了。

有一次，部门经理让袁伟负责一个婴儿奶粉的广告策划和设计。袁伟很开心，觉得终于有证明自己实力的机会了。然而真正做时他才发现自己一点头绪都没有。苦思冥想了几天，他交了一份方案。经理还没看完便火冒三丈，冲着他吼道：“这就是你的成果吗？你不是一直很牛吗？在公司里一副目中无人的样子，大家觉得你刚来，都让着你，也没说你什么。结果呢，你的工作能力就是这个水平吗？这里学历最低的人都比你做得好。既然不是牛人，就拜托你把你那一套架子收起来吧！”

经理的话对袁伟来说是当头一棒，他没想到自己会受到这样的批评。自信心一被打击，他都不知道该以什么面目面对同事了。同时，他也第一次意识到，自己并不是想象中的那么优秀。

真正的牛人，看着都很普通，待人也很诚恳亲切。他们不仅要做很多事情，还得协调各方面的关系。因此他们十分重视与他人交往的能力。不摆架子，就是他们能力的体现。

而一些智商高，某些方面有突出能力的人，却常常意识不到人际关系对他们的重要。他们总是摆出一副高姿态，信心满满地以为自己是个牛人。但实际上，大家都不喜欢他们。如果不是出于某种需要，大家是不会主动结交这些高高在上的“牛人”的。

把自己当成珍珠，就会时常担心，自己被埋没，所以才会在人前摆架子，希望得到他人的重视。换种想法，如果把自己当成是高楼中的一块砖，放低自己，努力奋斗，反而更会得到他人的重视。

刘备不顾自己的身份、年龄，三顾茅庐，才请得诸葛亮出山，帮他图谋霸业。而研制出杂交水稻的科学家袁隆平先生，常年都在田地里辛苦地工作，丝毫没有科学家的架子。所以脚踏实地，为自己的理想努力奋斗，才是一个成熟的成年人应该做的事情。

能屈能伸，才是好汉

曾国藩曾说："受不得屈，成不得事。"历数古往今来的成大事者，大都在奋斗之年受过不少委屈，功成名就后他们也能保持能屈能伸的个性，具有较好的人际关系。而那些直性子的人亏就亏在不懂得"屈"和"伸"，因为太直接往往伤人又伤己。

李勇是一个傲气的人，他的成绩一直很好，在班里数一数二，老师对他很重视，同学也都很羡慕他。这让他很自负，不但听不得一点意见，还受不得半点委屈。

从学校毕业后，李勇进入一家公司工作。没过多久，现实就让自信满满的他无所适从了。公司的工作繁忙而劳累，还要经常加班。因为李勇刚参加工作，对一些情况不了解，导致他的工作效率不高，经常需要先查资料或先向别人请教，然后才能完成。由于最近的事情比较多，他的上司有些烦躁，感觉李勇的工作完成得很慢，有时就会给他一点脸色看。这让李勇心里很不舒服，他觉得从小到大自己都是被人夸赞的，没有受过这样的委屈。所以在心里他都想放弃这份工作了。

有一次，经理让李勇去打印一些资料，然后送到分公司。李勇也没多问便去了。结果两天后，经理突然问李勇，上次打印的资料有没有多留一份放在公司里。李勇一下子蒙了，他并没有想到这一点，他觉得错不在自己，经理也没跟他说。于是他说道："您没有跟我说这一点啊，也不能怪我。"听了他的话，平时就对他有些不满的经理发起火来，道："你办事不靠谱还想推卸责任吗？我没说你就不会问吗？你看你在公司的表现，没开除你就算不错了，还这么多理由。"

经理的话让李勇气不打一处来，当时就要发飙，幸好同事拉住了他。李勇觉得自己受了很大的委屈，他一定要跳槽，不然出不了这口气。同事劝他冷静一下，因为公司的待遇不错，李勇在这儿的发展前景也很好，不要因为一时的不快而放弃。但李勇听不进去，他执意地离开了。

从那以后，李勇就开始不停地跳槽，并且稍有不快就会离开。当别的同学工作都稳定下来了，他还在到处找更好的工作。

当下的年轻人大都"气盛"，凡事受不得半点委屈，难以接受被冤枉、被算计、被辞职甚至是被批评，总要为自己讨回一点公道。故事中的李勇就是最好的例子，他最终收获的不是他人的赞赏，而是一次次事业的失败。

其实，做人就要能屈能伸。当我们处于逆境时，被困难和痛苦压迫着，“屈”一下才能更好地保护自我的身心；处于顺境时，天时、地利、人和都拥有了，就要努力地施展自己的才能，实现伟大的抱负。一个人如果性子太直，说话行事不懂得变通，在该“屈”的时候不“屈”，在人生的道路上就会遇到更多的阻拦。

一个性格直而受不得委屈的人，在团队合作中是很难相处的。因为他们说话难听、办事欠考虑，很难得到队友们的支持。而在这个竞争激烈的时代，个人主义早已不是主流，再强大的个人如果没有他人的支持和协助，也难以在竞争中胜出。面对他人的误解、批评，唯有“屈”一下才能积蓄更大的能量，才能为实现理想打下坚实的基础。

直来直去的性格只能让我们到处碰壁。“屈”是为了积蓄力量更好地完成“伸”，所以古人才常把“委曲求全”挂在嘴边。委曲求全是权宜之计，并非软弱或者逃避，而是换一种方式锻炼自己。因为人生的道路中既有江河山川，也会遇到沟坎滩涂，能屈能伸才能使我们的人生之路更平坦。

梅兰芳先生是我国著名的戏曲表演艺术家。当年他名满天下，每次演出几乎场场爆满，叫好声、喝彩声络绎不绝。

有一次，梅兰芳在台上演出京剧《杀惜》。现场像往常一样，喝彩声不绝于耳。但有一个声音却显得格格不入，梅兰芳注意到，一位老年观众一边听他的戏一边摇头，嘴里说着“不好，不对”。梅兰芳记住了老者的模样，演出结束后便托人打听这位老者的家庭住址。

很快这位老者便被找到了。梅兰芳连戏服都没来得及换，就把这位老者请到自己家中，恭恭敬敬地说：“说我不好的人，就是我的老师。您说我不好，一定有您的理由和见解。您能否不吝赐教，指出我的不足，学生我也好亡羊补牢。”说罢，梅兰芳还向老者鞠了一躬。

老人没想到，名满天下的京剧大师竟这么在乎自己的一句评语，还能这么虚心地求教。他意识到，梅兰芳不仅在艺术上颇有造诣，在人格上也能做到能屈能伸，当真是一位优秀的艺术家。于是，老者便指出了梅兰芳在《杀惜》中的不足：“阎惜姣上楼和下楼的台步，按梨园规定，应是上七下八，您当时却是八上八下。”听了老者的话，梅兰芳这才恍然大悟，不住地向老者表达感谢。不仅如此，从那之后，梅兰芳还经常请这位老人观看他演戏，然后请他指正，并尊称他为“老师”。

这便是梅兰芳大师的气度。能屈能伸的他能够谦虚向人求教，从来不因自己的成就而盛气凌人。待人亲切尊敬，只有人格、人品都非常优秀的大师才能做到。

作为一位知名的戏剧大师，梅兰芳先生的大度，不但让他的表演更加完美，也受到了世人的尊重。而屈伸之道是在日常生活中就可以学习。与人相处时，不要只顾及自己的感受，要适当地站在他人的立场考虑问题，切忌使用直接反驳、命令的口气与他人交谈。只有相互尊重和包容，才能让双方愉快地交流。

能屈能伸就好比走路，倘若双腿不懂得弯曲，就难以迈开步伐向前走，只有屈伸自如才能行万里路。能屈能伸好比跳舞，太过僵直的身姿难以博得观众的喝彩，只有屈伸适宜、刚柔并济，才能跳出更有艺术感和美感的舞蹈。花草树木经历暴风骤雨的打击而存活下来，是因为它们具有能屈能伸的本能，遇风雨则低头，遇阳光则抬头。必要的时候低一下头、弯一下腰并不丢人，因为这是一种生存的方式和为人处世的智慧。

“大丈夫能忍天下之不能忍，故能为天下之不能为之事。”当日，韩信甘受“胯下之辱”，勾践卧薪尝胆，都是为了“为天下之不能为之事”。我们可能做不了伟人，但只要屈伸有度，就能够结交更多的朋友，减少人生道路上的阻碍，让自己的人生更快乐、更精彩。

做人不要太张扬

很多人喜欢在众人面前口若悬河，以高姿态凌驾于他人之上。如果他们能够低头看一看自己真正的高度，估计就不会这么张扬了。“泰山不让土壤，故能成其大；河海不择细流，故能就其深”。做人也要豁达、大度，能容他人才能容自己。性格直率而张扬的人，更要学一学如何内敛从容，让自己变得更受欢迎。

王波性格爽快，为人处世很张扬。其实他也没有太多的心计，就是希望得到大家的关注。

自从参加工作后，王波就努力想向大家证明自己的能力。每次在工作上取得什么成就，他都要向大家炫耀很久。刚开始，同事们觉得这是他性格直爽，也就没说什么。可时间长了大家就有些受不了。有的同事劝王波低调点，他却觉得他就是这样，不关别人什么事。

最近，经理将一个项目交给了王波，让他负责完成。这个项目需要与另一家公司合作。王波发现对方公司负责这个项目的人刚好是自己的老同学，所以在合作过程中，基本没遇到什么障碍。项目顺利完成了，王波也因此得到了经理的赏识和夸赞。而一向行事高调张扬的王波自然不会轻易让这件事过去，他总是在办公室提起这件事，以此来证明自己的能力很强。开始，一些同事还会附和几句。可是时间长了，大家发现王波总是用这件事来自吹自擂，就有些厌烦了。当他再说起这件事时，就没有人理他了。

不仅如此，王波还喜欢炫耀。他总是在办公室里给大家讲自己最近新买了什么，又换了手机，等等。有时他帮了同事一点忙，也会挂在嘴上说个不停，这让被他帮过的同事很尴尬。渐渐地，大家都不太愿意与王波多来往了，因为他的张扬有时会让人难堪。

表现自己无可厚非，但是过分张扬就使人憎恶，就像故事中的王波。张扬的个性很容易影响个人的行为，甚至歪曲做人的品行，还会让人变得趾高气扬、目中无人。

而我们的生活中也不乏个性张扬的人，他们性子直，说话行事率意而为，导致他们到处碰壁，受人冷落。

张扬的个性会导致我们逐渐偏离生活的轨道，甚至跌入万丈深渊。因此即便你才学出众，个人能力超强，也要懂得收敛锋芒。三国时期的杨修因才思敏捷而得到曹操的赏识，但他为人张扬，不把同僚看在眼里，甚至轻视曹操，最终招致杀身之祸。

常人可以接受年少轻狂，却难以忍受为人张扬。年少轻狂是无知和幼稚，为人张扬是没有素质、缺少沉淀。当我们在经历了无数风雨后，就要不断地打磨自己的棱角，让自己变得从容、成熟。

袁莉性格温柔亲切，待人友善。她是公司人事部门的经理，主要负责公司的人事关系。经过几年的努力，她凭借出众的能力获得了大家的一致信任。她不但帮助公司把人事关系打理得井井有条，对外事务也办理得很好，而且还与很多员工成了好朋友。不过，她为人低调，即使别人夸她，她也会说是自己应该做的。有时帮助了别人，她也不会大肆宣扬。

有一次，人事部门新来的员工小鹏接到一项任务，要与另一家公司的经理进行谈判，并签订一份合作协议。小鹏对此并没有太在意，他认为自己应该没有问题。但袁莉却有些不放心，她觉得小鹏缺乏经验，很可能在签合同的过程中会出现纰漏。思虑再三，她想到一个既能避免出错，又能锻炼小鹏的方法。她提出与小鹏一起去签订合同，但要扮成小鹏的助手。小鹏同意了她的建议，不过他认为这没有必要。

谈判进行得很顺利，很快就到了签订合同的环节。小鹏认为自己完成得不错，匆匆浏览了一下就准备签字。袁莉却提醒小鹏再仔细看看，尤其是合同结尾处的注意事项。小鹏有点不耐烦地拿起合同再次看起来。突然他看到一处数字错误。如果没有发现，就这样签订合同，很可能给公司造成巨大的损失。小鹏连忙向对方反映了这一情况，确认无误后才签订了合同。

这次事件让小鹏对袁莉感到由衷地感谢。公司会议上，经理表扬了小鹏，认为他第一次完成任务就表现得很好。袁莉也和大家一起为他鼓掌，说小鹏是一个好苗子，却对自己给予小鹏的帮助只字未提。袁莉的低调让小鹏对她更是钦佩有加。

指点江山、激扬文字，这是很多年轻人梦寐以求的工作状态。但潇洒之余，我们还是要按捺住自己的个性，踏踏实实地努力工作。无论是在大企业还是小公司，都要做好每一项工作。不断学习，努力提升和突破自己，切忌急于求成。此外，作为集体的一份子，我们还要努力地融入团队之中，让自己的能量在得到有效发挥的同时，又不影响队友的自我表现，使团队更和谐、更强大。

但在职场中，偶尔露一下锋芒能够给老板留下不错的印象，但要把握好分寸，不能处处显摆自己。要给他人机会，还不能越礼、越位，以免引起同事和上司的反感。其实收敛锐气，不但能保护自己，也能博得他人的青睐。

所以不张扬、不狂妄，既是一种修养，也是一种风度。直性子的人可能很难达到“风临疏竹，风过而竹不留声；雁渡寒潭，雁去而潭不留影”的境界，但可以收敛自己的个性，改善人际关系。宝剑锋利但易折断，人太张扬也会招致灾祸。我们只有正确引导自己个性的发展，才能在激烈的社会竞争中脱颖而出。

“示弱”也是一种生存的智慧

自然界的发展规律是“物竞天择，适者生存”，而非“强者生存”。在压力和困难面前，适当低头才是生存之道。示弱并非软弱，而是换一种方式与困难抗争，是智慧的表现。人生总是风雨不断、荆棘遍布，想走得更远、过得更快乐，就要拿得起放得下。适当示弱，有时会帮助我们成为人生的赢家。

秦鹏从小就是一个要强的人。他的办事风格比较强硬，跟别人打交道时也是直来直去。而且很要面子，觉得千万不能让别人看到自己弱的一面，那会让他感到自尊受损。

大学四年，秦鹏是大家眼中的“学霸”。在学习上他很用功，常常早起背单词、记公式。在学习中遇到问题，他也很少向同学请教，总是自己查资料解决。因为他不想让别人知道，自己也有不会做的题。他的这种学习方式让他时常感到很累，但他不愿意改变，并且也乐意扮演大家眼中那个无所不能的学霸。

步入工作岗位后，秦鹏成了一名实习建筑师，但他还是很少向他人请教，遇到问题总是自己想办法。有的同事好心关照他，让他有问题就问，大家一起讨论。听到这些话他也只是笑笑，因为他不想让别人发现自己的弱点。

有一次，公司让秦鹏独立完成一项工程，希望能锻炼他，让他尽量早些上手。拿到任务后，秦鹏开始做设计。但很快他发现，实际的设计过程与他学过的知识还是有很大的差别，有的设计步骤他根本不知道怎么完成。而他又不好意思去请教别人，只能花费很多时间去查资料，实在拿不准的，他就自己做决定。用了很长时间他才完成设计。尽管如此他的设计纰漏还很多，几乎需要重新设计。经理对此感到很生气，觉得秦鹏让他失望了。

秦鹏不“示弱”的个性让他显得孤傲、不合群，刚开始同事们还主动与他说话、打交道，但时间长了，大家都觉得秦鹏不容易亲近、更不容易交心。渐渐地，他们也就不怎么跟秦鹏来往了。

像故事中的秦鹏一样，太过争强好胜的人总会遇到各种困难，人生也多不如意。反之，遇事忍让、懂得示弱的人往往能够走得更加顺畅，而且也容易收获成功。懂得示弱的人，心境平和，待人也宽容，做事也能有始有终。即便遭遇了挫折，他们也会以平和的心态处之，并顺利地渡过难关。

示弱不是软弱，而是谦逊。示弱者大多为人谦虚，即便自己能力强、学识广，也会放低自己的身段向他人请教，遇事也能以谦卑的姿态面对。懂得示弱的人，不但能让对方获得精神和情感的满足，而且还让周围的人感受到他们人格的高尚。

示弱能够更好地团结集体的力量。在与人交往的过程中，示弱是真诚的接纳，也能更好地消除与他人的误会、矛盾，增进彼此间的交流，促进集体的团结。一个甘心“示弱”的人，不但拥有大智慧，也有着强烈的责任心。为了集体的利益，他们会选择放低自己的姿态，而非与他人一较高低，或做口舌之争。而这样的人，更能赢得他人的尊重。

示弱不是退缩，而是促进自己不断地进步。有时候后退是为了更好地前进，示人以弱也是为了重新取得成功。“雪压竹头低，低下欲沾泥，一轮红日起，依旧与天齐。”说的就是这个道理。示弱者从来都不是软弱者，他们只是做出了理智的忍让，以确保自己能够站得更稳，走得更远。因此适时地选择示弱是一种生存的智慧。

莎莎是个活泼可爱的女孩。虽然是位女性，但她对事业的追求并不比男性低。她希望自己在工作岗位上取得一番成就。

在同事们眼里，莎莎独立自强，却又懂得适当地“示弱”。在业务上，她积极进取，不仅经常看书充电，还经常与同事们一起讨论，遇到难题先自己查资料，解决不了就请教同事。她认为她的最终目的是为了学到知识，而适当示弱并不代表她就差劲。

刚入职时，莎莎对公司的业务流程不太熟悉。有一次，经理安排她去谈一个业务。莎莎有些发慌，心里没底。她对经理说出了自己的担心，经理鼓励她胆大点。但莎莎思来想去，还是觉得自己不一定能办好。她决定请同事江大哥一起去。于是，她对江大哥说：“江大哥，经理让我去办一个业务。但我刚来，不太熟悉，我担心自己办不好。你能跟我去一趟吗？这样既能把事办好，我也能跟你学学经验。”

听了莎莎的话，江大哥爽快地答应了。他陪莎莎去了一趟，还教给她很多经验和方法，莎莎收获很大。

凭借不怕示弱、虚心请教的态度，莎莎得到了很多同事的帮助。莎莎的业务能力也在逐渐提高，入职没多久她就能独立完成工作了。她独立自强、勇于求教的个性让大家都很喜欢她。

故事中的莎莎在生活和工作中能够准确地给自己定位，懂得示弱，既拉近了与朋友、同事的距离，又建立了良好的人际关系，堪称人生的赢家。在日常生活中，很多人，特别是一些直性子的人，总喜欢在人前表现自己，以此让大家知道自己的过人之处。只有少数人能够做到适时向人示弱，藏起自己的锋芒。

示弱是一种智慧，更是一种勇气。

示弱不是真的软弱，因此我们不能没有限度地贬低自己，要在正确认识自我的前提下，适当地对他人做出退让。总而言之，示弱是为了把事情做得更好。

第四章

口无遮拦，人生就会有太多的阻拦

不得已，可以说几句善意的谎言

莎士比亚曾说："生活中，善意的谎言可以让生活增添色彩。"因为善意的谎言能够让人的心灵变得温暖，并缩短人与人之间的距离。"

通常人们在得知善意谎言的真相后，最多的是感动而非怨恨。直性子的人擅于说出事实的真相，而有的真相会给当事人带来巨大的痛苦。因此直性子的人要懂得在不得已时，说几句善意的谎话，以免给他人带来不必要的痛苦。

一架运输机飞至一片沙漠时，不幸遇到沙尘暴，驾驶员在紧急情况下将飞机迫降。虽然暂时安全了，但飞机着陆时已经受到严重的损毁，不但无法起飞，连通信设备都坏了。驾驶员尝试了多种方式都不能与外界取得联络，只能无奈而绝望地告诉其他几位乘客："各位，我们的飞机不能起飞了，也无法与外界沟通了。"

驾驶员说完，乘客们保持了片刻的沉默后，就开始痛哭。为了能够多活一天，他们开始争抢飞机上的食物和水，场面十分混乱。

就在这时，一位乘客大声说："大家不要抢，也不要慌！我是飞机设计师，可以修好飞机，但是需要大家的配合。"

乘客们一听，顿时安静了下来，每个人的心中都又重新燃起了希望之火。大家调整好心态，不再争抢食物，按照"飞机设计师"的指挥开始修理飞机。连着的十几天里，人们从未放弃过对生的渴望，团结一致与困境顽强地做着斗争。

飞机并没有修好，但是有一天，一支商人驼队经过这里，大家被解救了。后来这些乘客才得知，原来那个"飞机设计师"是冒牌的，他其实是一位小学教师。当人们质问他，"你怎么能欺骗我们"时，这位教师却说："当时如果我不撒这个谎，恐怕大家都难以存活。"想起争抢食物的画面，大家这才明白了他的良苦用心。

在日常的人际交往中，谎言几乎是不可缺少的。从严格意义上讲，世界上几乎没有不说谎的人。坊间有这样一句话："适当的谎言是权宜之计。"可见说谎在某些场合是非常有必要的。如果故事中的这位教师不撒谎，人们依然会在生存本能的驱使下争抢食物和水，还会相互伤害，从而酿成悲剧。

特别是当我们身处逆境或者遭遇不幸时，需要的不仅是坚强，还有他人的安慰和帮助。如果有人能够及时给我们送来真诚的安慰，哪怕是一句善意的谎言，也犹如雪中送炭，给我们的心灵带来温暖和力量。

例如，面对一位身患重症或者绝症的病人，医生通常会把病情如实告知家属，然后安慰病人说："您的症状不算严重，只要配合治疗，还是有治愈的可能。"如果这句善意的谎言唤起了病人对生命的渴望、对生活的热爱，就会增强他抗争病魔的斗志，从而使生命得以延续，也很有可能最终战胜病魔，涅槃重生。

善意的谎言，讲究说谎的初衷是善良的，是为了减轻当事人的痛苦，即便对方知晓这是谎言，也会心生感激。不过，即便是善良的谎言，也要把握一定的原则。

谎言有时是假象，有时也是一种含糊的表达。当我们难以告知当事人真相时，可以用模糊不清的语言来表达。例如，一位女士穿着自己新买的衣服问你："怎么样，漂亮吗？"而你觉得并不漂亮时，可以委婉地说一句"还好"，这比刻意的奉承更有效果。"还好"就是一个模糊的表述，可以理解为不太好或者一般等，对方能够从中听出你的真实想法，从而感谢你的宝贵意见。

因为善意的谎言有时比大实话更能影响人们的行为。

法国的女高音歌唱家玛·迪梅普莱有一个私人园林，风景优美，吸引了很多人前来观赏。但是有的游玩者并不自觉，会随意采摘花朵、折断树枝等；有的还在草地上野餐，制造了很多垃圾。为了保证园林的美丽和清洁，管家请人在园林周围竖起了篱笆，并插了一个"禁止入内"的牌子。但游玩者熟视无睹，情况毫无改观。玛·迪梅普莱见状，便让管家重新做了几个牌子竖在各个路口，结果再也没有人进过她的园林。原来牌子上写着：“倘若在园林内不慎被毒蛇咬伤，就到最近的医院进行治疗，驾车需要半个小时。”谁也不敢拿生命开玩笑，只好对这个美丽的园林敬而远之。

故事中的女高音歌唱家，牌子上写的内容虽然是善意的谎言，终归是在说谎。但她也是在迫不得已的情况下才使用的。

所以直性子的人无论是在工作，还是生活中都要巧妙地使用善意的谎言。

果断地绕开敏感话题

有人的地方自然就会有各种大大小小的话题。生活中，茶余饭后，人们总会聚在一起侃侃大山，以此消遣闲散的时间。聊天是人类交际不可缺少的方式，如果话题投机，还会拉近彼此的距离，加深交情。反之，就会导致气氛尴尬，甚至影响相互的关系和情感。很多直性子的人不懂得回避敏感话题，不但得罪人，而且还会影响自己的发展前途。所以无论在什么场合，只要遇到敏感话题就要果断绕开，以免引火烧身。

“你们聊什么呢？”看见几位同事在闲谈，王欣便上前去凑热闹。

“唉，这个月我请了好几天假，估计要扣不少工资，月底还要参加同学的婚礼，又是一笔不小的开销，钱怎么永远都不够花呢？”一位同事抱怨道。

“可不是嘛！我几乎是月月光，根本就没有存款。”另一位同事附和着说。

“奇怪，咱们的工资不是都一样吗？你们到底把钱花在哪儿了？怎么总是抱怨没钱花？”王欣插嘴说。

“你的工资是多少？”一位同事问她。

“8500啊，除了房租、生活费和日常的礼仪往来，我每个月还可以存一两千。”王欣笑着说。

同事们听了她的话，表情变得复杂了。有的惊讶、有的生气、有的疑惑，其中一位甚至直接说：“我们是同样的职位，凭什么你的工资是8500，我的却是7000？”

“奇怪的是，我的工作量这么大，工资却只有6500！”另一位同事更是气愤。

其他几位工资更高的人知道王欣捅娄子了，此时自然也不敢接话，各自找个理由走开了。对于同事的质问，王欣非常无奈，她说：“工资又不是我定的，我怎么知道是怎么回事？”

她的这一句话又把大家的注意力转移到老板身上了。“哼，我们辛辛苦苦为他工作，最后却受到区别待遇，太不公平了！”

“老板都腹黑，压榨我们的劳动力！”大家愤愤不平着。

一会儿，老板走进办公室，像往常一样给大家分派任务，但大家的反应淡淡的，似乎对他的话有意见。老板也感觉气氛不对，不过今天的工作任务很重，他没有时间深究原因，只是希望大家能够尽快调整状态，努力工作。

同工不同酬是很多老板惯用的方法，因此薪酬便成为职场人的敏感话题。故事中的王欣是个直性子，不但没有回避这个话题，反而如实相告，不但引起了同事对自己以及上司的不满，而且还引发了一场办公室矛盾。

直性子的人说话缺乏思考，总是把自己心中所想脱口而出，很少考虑其产生的后果。如果是普通话题，例如：吐槽明星、影视作品等，可能不会引发太大的矛盾。倘若遇到敏感的话题，例如：他人的是非、秘密等，如果不懂得回避，就会得罪不少人。因此直性子的人一定要学会管住自己的嘴，果断避开敏感的话题，以免给自己和他人招来麻烦。

每个人都有优缺点，但任何人都没有随便议论他人的权利。生活中，我们经常遇到三五个人凑在一起说他人是非的情况，这时候就要果断地避开。如果我们也加入进去一起吐槽某人的糗事或者缺点，他日被当事人知道了，必定会引起不小的风波，对人对己都没有好处。

当我们躲不开敏感话题时，不妨用模糊的语言来掩饰自己的真实想法。模糊地表达自己的意见，能很好地体现一个人随机应变的能力。一般而言，在与人交往中游刃有余的人，大都精通如何使用“模糊语言”。以恰当的方式、合适的语言回复对方，不但避免了言语生硬给对方带来的不快，还可以给大家留足面子，避免尴尬以及后续带来的责任。

一艘客轮在行驶过程中出现故障，没到停靠点就停了下来。游客们纷纷猜测原因，经过半个小时的等待后，大家都非常焦躁。

“导游，你们怎么搞的，船到底还开不开了？”

面对游客的不满，导游解释说：“对不起，我们的轮船出了点故障，可能会耽搁一会儿。”

“你们是怎么工作的，出发前为什么不好好检查轮船的情况，耽误我们的时间？”

“船什么时候才能开？”

为了稳定大家的情绪，导游微笑着说：“只是一点小状况，技术人员正在检修，一会儿就好。为了安全，请大家再耐心等一会儿。”

游客们听后只好安静下来，或者看看周围的风景，或者聊天，一直到轮船起航。

故事中，面对游客的质问，导游用了“小故障”“一会儿”等模糊的词语，不但稳定了游客的情绪，也为检修人员争取了更多时间。如果导游实诚地说“船坏了，需要花两个小时才能修好”，无疑会激起游客们的怒火；如果导游打包票说“只需十几分钟就可以修好”，而十几分钟后船依然无法起航，游客们就会有被欺骗的感觉，自然也会把怒气发到导游身上。

使用模糊语言是一种缓兵之计。当他人向我们询问敏感话题时，倘若委婉拒绝无法奏效时，就可以用模糊语言来搪塞对方，这样不但能够摆脱困境，也给对方留了面子，同时也避免了引发纠纷。

日常生活中，直性子的人要学会使用模糊语言来躲避敏感话题。例如：他人问你“月薪多少”时，可以回答“勉强糊口吧”；有人说“你的衣服真漂亮，很贵吧”，可以回答“一般般”等。这种方式既能帮助自己躲避敏感话题，也很好地保护了对方的自尊。

有时候，沉默真的是金

直性子的人除了心直，还有个特点，就是口快。事实上，并非所有的话都要说出口，沉默有的时候真的是金。

每逢周末，李茜、王冰、张娜等几个好朋友就会找个咖啡厅或者餐厅聚聚。席间几个女孩子会聊起各自的男朋友。这次一向活泼开朗的李茜却一反常态不怎么说话。大家看着她的样子就觉得可能发生了什么事。张娜看李茜不说话，疑惑地问："你怎么了？今天一直不说话。"

"没事。"李茜搅了搅眼前的咖啡，虽然嘴角有笑容，但是却掩饰不住牵强。

"哎呀，到底怎么了？说出来我们也能帮帮你啊。"张娜还是"不依不饶"地追问。

在张娜的追问和大家关切的目光下，李茜尽管不情愿，但还是淡淡地说了，"我们分手了。"

"啊……"大家的反应并没有非常吃惊。因为所有人早就清楚，李茜的男朋友是个"渣男"。

"哎呀，我早就知道，他就不是什么好人！"张娜突然开口，并旁若无人地说了起来。"他人品不好，也没什么出息。就那天，我还看见他和一个女的在一起呢……"

张娜越说越来劲，丝毫没有看到旁边王冰她们对她"挤眉弄眼"，也没有看到李茜已经变冷的脸。

"……所以你啊，跟他分开是幸运的，有什么好伤心的！我这人就是心直口快，你也知道！赶明儿啊给你介绍一个更好的！"张娜大包大揽的样子让李茜非常生气。

"你自己留着吧！"李茜说着就拿着包独自走了。

"她这是什么意思！"张娜很不能理解。"我藏不住话，都是为她好嘛……”

看着大家不解而且有些气愤的样子，张娜也不知道自己哪里做错了。

故事中的张娜认为自己心直口快，在朋友面对失恋的打击时，还坚持“心直口快”，而没有顾及朋友的情绪。即使别人对她“挤眉弄眼”地提醒，她也视而不见。最后的结果只能是让每个人都非常尴尬，还影响了朋友之间的感情。

“有什么说什么”，被大多数人认为这是一种优秀品质，也被当作是坦诚、直率的标志。于是，有的人打着“直性子”的旗号，肆无忌惮地“伤害”着别人，但是自己却不自知。就像上述故事中的张娜一样，以为自己是一片好心。这些直性子们往往还有一个“撒手锏”：“我是为了你好!”或“我是直性子，有一说一，你不要介意啊!”但是如果留意看对方的脸色，那么很容易就能确定对方是不是“不会介意”了。

直性子的人也要知道，有时候沉默真的是金。语言是表达情绪和内心的工具，但并不是任何时候都适合用语言来表达。安慰朋友，有时候无言的陪伴就是最好的方式，长篇大论的鸡汤或许并不适合对方此刻的心情。当朋友遭遇失恋的打击，听着他或她声泪俱下的控诉，或者讲述自己悲戚的故事时，也许义愤填膺并不是最好的安慰，无声的陪伴才是最有力量的支持，同时，还会将自己的温暖传递给对方。

每个人都有倾诉的欲望和需求，相应地也就要求每个人都能拥有倾听的能力。沉默不是漠不关心地冷眼相对，而是用心倾听和体会，给别人一种感同身受的关怀和理解。沉默也可以是一种陪伴，更是一种“此时无声胜有声”的力量。用沉默的倾听给对方一个倾诉的机会，让对方感受到被理解、被尊重、被陪伴。

夜深了，杨嘉的电话却突然响起，是一个陌生的号码。她刚接通就听到对方声泪俱下地说道：“我现在觉得特别累，每天特别烦躁，但是得不到家人的理解，丈夫不体贴，孩子也不听话、不争气！经常加班到深夜，我真的已经很累很累了！可是我不知道这样的生活还要持续多久，我真的不知道……”

杨嘉拿着电话，听到她抽泣的声音，本来还想问一声发生了什么事，但是片刻后，杨嘉决定一句话都不说，用沉默来回答她。她猜想对方应该是精神压力实在太大，才会选择用这样一种方式向陌生人倾诉。她觉得，此刻只有沉默才能让对方彻底释放，也是自己能给予对方最好的帮助。

“……好了，谢谢您，非常抱歉这么晚还打扰您。您真是个善良的人，我非常感谢您，虽然我们素未谋面。但是我非常感谢您，我现在觉得自己好多了。再一次表达我的歉意！再见！”

对方就这样挂了电话。听着她的语气，杨嘉感觉到她内心的压力已经释放了很多。杨嘉也长长地松了一口气。

故事中的杨嘉在对方倾诉时一直沉默不语，但却很好地舒缓了对方的压力，并起到了较好的效果。在对方的倾诉和哭泣中，如果杨嘉开口询问原因，或者毫不留情地责怪对方，就会令原本已经快要崩溃的她更加困窘。只有沉默，才是此时最好的方式。让彼此没有压力、没有尴尬，并最大可能地让对方感受到理解和体谅，这时候沉默真的是金。

别当着“矮子”说“短话”

“当着矮子说短话——没事找事。”一个爱说“短话”的人，和性子是否直无关，而是和一个人的涵养有关。

小林是个非常可爱的女孩，人缘也不错，但是她有个“心结”，就是脸上长了一大片黄褐斑，用了很多办法，都没有治愈。出于对小林的尊重和理解，公司里的所有人从来都不当她的面说这个“敏感”的话题。

周一开会时，坐在小林前面的女孩小张看着小林说道：“呦，小林，你今天看起来好漂亮啊！”

听了她的话，小林低下头笑笑。但是紧接着她的话却让小林的心情瞬间就跌到了谷底。

“今天的底妆不错啊！把你脸上那些斑点都给遮

住了啊！你看看这样多好，女孩子嘛，就要脸上干干净净的……”

大家都很奇怪地看着小张，但是她依然是一副“热心肠”的样子，继续关切地说：“现在啊就是看脸的社会，要是不好看啊，连对象都不好找呢。哎，对了，你好像还没有对象吧？那怎么行呢？回头我给你介绍个美容院吧……”小张还在兴致勃勃地说着，但是小林的脸色早已变得铁青了，随后就头也不回地转身离开了。

“哎，这人……”小张尴尬地笑笑，“我性子直，但是说这话都是为她着想啊……”

小张这样做，真的是在为别人着想吗？

故事中的小林将自己脸上有斑这个问题视作“心结”，她认为这是自己的缺点。但是小张却在大庭广众之下拿小林的缺点说事，还将这一切都归结于自己的“直性子”。我们经常说做人做事要扬长避短，如果被别人当面议论自己的“短处”，相信每个人的内心都会非常不舒服。

“当着矮子说短话——没事找事”，这是中国的一句歇后语。它的意思是成心揭别人的短，让别人难堪。而人与人之间的相处，最重要的是尊重。不拿别人的短处议论或开玩笑，这是对别人最基本的尊重。即使是心直口快的“直性子”，也不能不顾及别人的感受而只顾自己先“一吐为快”。

很多朋友之间都喜欢调侃。调侃的话题往往是从国家大事到鸡毛蒜皮的小事，还包括别人的某些特点甚至缺点，都可以拿来作为谈资。或许他们认为：“我们是朋友啊，又没有恶意，所以没关系啊！”于是就借着这样的理由，对别人的事情、特点和缺点进行着大肆地调侃。一次、两次，甚至无数次地开着“玩笑”，最后搞得朋友之间变得非常尴尬，而他们自己却还浑然不知，甚至还觉得是对方太小气。

月月是个活泼开朗的姑娘，但是她在朋友圈最出名的不是她的活泼，而是她的黑。

从小她的皮肤就出奇的黑，还因此被很多朋友嘲笑过。她也哭过。但是随着年龄的增长，原本就活泼开朗的她反而不在意了，而且她还有个特别的优点：擅长自黑。

月月的大学室友是位典型的“女神”，尤其是她白皙的皮肤经常让月月感叹命运不公平。月月的这位室友也时常嘲笑她，对此月月也都一笑而过，有时候月月也会跟着她一起打哈哈，自黑一下。

其他人看不下去了，对月月说：“你干嘛总是对她那么包容啊！她那么损你！”

月月笑笑说：“没事没事，我本来就黑嘛！她说的也是实话！”

一次，月月的这位室友叫她一起去KTV，同去的还有其他同学。月月一进来，她的这位室友就开口了：“呦！你进来了跟个影子似的，灯光再暗一点就看不见了呢！”说完还和身边的几个人一起大声地笑起来，看得其他人一脸尴尬。月月边笑，边坐下边说：“对啊，小时候我妈还经常以为我丢了！”

月月的话让大家一阵大笑，气氛瞬间也变得愉快了。月月的这位室友非常不甘心，本来她是想给月月难堪的，没想到轻而易举就被应对过去了。

而让这位“女神”更没想到是，两个月之后，再次晚上聚会时，她看中的“男神”居然公开地追求月月了。原因就是觉得月月性格开朗，非常可爱。

故事中的“女神”总拿自己的优点时时抨击别人，想用这样的方式来抬高自己，却没想到弄巧成拙，反而成全了别人。让原本被黑、被嘲笑的月月却成了“人生的赢家”。总是拿别人的缺点来开玩笑、借以抬高自己的人固然不对，但是月月却用她的行动告诉我们，在面对一些无意或者有意地“攻击”、取笑时，我们要调整好自己的心态，不被别人的情绪影响自己的心情。

人无完人，每个人都会有缺点，一个人的缺点有时也会是其他人的优点。所以我们每个人都要有包容之心，而不是借着自己的“直性子”，随意地表达自己的情绪，甚至将自己的快乐建立在别人的痛苦之上。

直性子的人坦诚而直接，但这不能成为其伤害他人的理由。当着“矮子”说“短话”，将别人的缺点毫不客气地展露出来，这无异于揭别人的伤疤、戳别人的痛处。中国有句俗语叫作“打人不打脸，骂人不揭短”。而当着“矮子”说“短话”，正是一种粗暴的“揭短”行为。

交情浅，就不要言过深

宋代文学家苏轼曾在《上神宗皇帝书》中写道："交浅言深，君子所戒。"这是说与人交往，切忌交浅言深。在一些直性子的人看来，与人交往就应该知无不言，这样才不失其光明磊落的个性。其实不然。与一个交情不深的人来往，就要把握好与对方沟通的尺度，快言快语有时会给自己或者他人招来麻烦。

潘瑜换了一家新公司，办公室的同事们看起来都很友善。中午，大家一起去附近的餐厅享受美好的午餐时间。吃饭过程中，大家有说有笑、无所不谈。其中一位同事小张似乎与潘瑜特别合拍，悄悄地把在座的每一位同事都介绍给她认识。

"坐在你右边的是曹主任，他这个人平时特别刻薄，你以后和他打交道要小心。"

"那个是小琪，人如其名，特别'小气'，少和她来往。"

"你对面的是王建，他是个'单身狗'，对每一位女同事都不安好心，你可要注意。"

对于初来乍到、对公司人际关系一无所知的潘瑜而言，小张的话无疑给了她很大的帮助。因此自然对眼前这位“知无不言、言无不尽”的同事表达了感谢的同时，内心也产生了一股亲切感。潘瑜本来就是个直性子，所以什么事、什么话都藏不住；工作中、生活中无论遇到什么问题，她都愿意向小张倾诉；有时还会和她一起批评其他同事的不是之处，以此发泄内心的郁闷。

不过后来发生的一件事让潘瑜十分后悔。

“潘瑜，你凭什么在别人面前诋毁我！”小琪生气地质问她。

“我什么时候诋毁你了？”潘瑜虽然心虚，但还是理直气壮地反问小琪。

“小张都告诉我了，你还抵赖，没想到你这么虚伪！”小琪说完就气呼呼地走了，留下自尊撒了满地的潘瑜。同时她也明白了，这件事一定是小张说出去的，不由得暗自悔恨自己交错了朋友，说错了话。

都说“来说是非者，便是是非人”。故事中的小张虽然不厚道，但是潘瑜的直性子，让她犯了交浅言深的大忌。进入一个新环境，倘若只为一时之快而说了不该说的话，就会落把柄在他人手中，让对方多了一张打赢自己的牌。

人与人之间的相处最重要的就是交流和沟通，最困难的也是交流和沟通。特别是直性子的人，只有把握好与人沟通的尺度，才能得到更多人的喜爱和尊重。

但是很多直性子的人不懂得与人交流的技巧，即便是与一位才见两次面的人接触时，在彼此并不了解的情况下，都会肆无忌惮地和对方开过分的玩笑，或者说一些不得体的话。他们本以为这种幽默能够融洽双方的关系，谁知竟让对方产生了排斥心理。因此开玩笑也要分场合、分人，否则直来直去很可能破坏自己的交友圈子。

还有些直性子的人经常把刚刚相识的人，当作多年老友或者知己，毫无顾忌地把自己的烦恼愁绪、理想抱负或者鸡毛蒜皮的小事告诉对方。倘若对方是小人，那么他掌握了这些信息后很可能对他们不利；反之，如果对方是君子，也会反感这种交浅言深的行为。

圣人孔子曾说："不得其人而言，谓之失言。"意思是在并不了解对方的情况下与之深入交谈，这就是一种失策。一般而言，见人只说三分话，才显得更为成熟稳重，让人佩服。

如今居住在城市里的人们，邻里之间的亲密沟通比较少，但小区里依然少不了张家长李家短的八卦消息。

"听说你们的邻居是新搬来的，哪儿的人，人品怎么样？"小李总是听隔壁的人抱怨这新邻居"没素质"，便借机问一问楼上的老张。

"人家刚来没几天，我也没和他们打过交道，哪里知道人家的情况？"老张平时和小李不怎么往来，便含糊地说。

"你们是邻居，难道还看不出点端倪来？我们从来没见过这家的男主人，不会是单亲家庭吧？"小李刨根问底地说。

“不清楚，可能人家工作忙不常回家吧。您在这儿歇着，我得去买菜了。”老张说完就起身走了，小李只好找其他人打听。

故事中的老张深知小李的心思，但身为邻居，他清楚，随意透露他人的隐私，既不合情，也不合理。于是，他三言两语便应付了小李，避免了交浅言深给自己带来的麻烦。

交情浅而不言深，在生活和工作中都非常适用。例如，员工与领导总是抬头不见低头见，但很多员工和领导都谈不上交情很深，因此与领导之间的交流要把握好分寸。特别是直性子的员工，切忌和领导交浅言深。如果领导就一些敏感话题向你征询意见，你也要懂得三思而后行。在坦诚的同时把握好“度”，不要随便打开天窗说亮话，否则，就会让自己陷入“得罪人”的境地。

面对泛泛之交，特别是一般同事的诉苦，更要做到交浅不可言深。同事间的关系比较特殊，有时是搭档，有时又是竞争对手，如果贸然对同事知无不言，很可能是在给自己“挖坑”。因此为了保护好自己，不要轻易与不常往来的同事言之过深，只要合乎情理、不失礼貌就好。

很多直性子的人会问，“如果不对他人坦诚相见，怎么可能交到好朋友呢?”其实，友情都是在交往的过程中逐步建立的，见一面便成为挚友的情况并不多见。所以一段好的人际关系要靠后期的经营与呵护。

“平衡理论”告诉大家，当双方相互喜欢，而且有很多相似点时才能表现为平衡。不过每个人都有自己独特的思维和行为方式，与别人拥有共同点并不容易，因此，在交往过程中，直性子的人要多观察和体会对方的一言一行，在相互了解和关心的过程中拉近彼此的关系。

拒绝的话，也可以说得很动听

俗话说："良言一句暖三冬，恶语伤人六月寒。"特别是拒绝别人的话，说出来总会让对方不好受。特别是一些直性子的人，说话时缺乏思考，总是在不经意间伤害到他人。在生活和工作中，每个人都会遇到拒绝他人的情况。对于亲人、好友、同事、上司、客户等人提出了令自己为难的请求，对于自己不应履行或者不能胜任的职责，我们要勇敢地说"不"。不过，在拒绝他人的同时，我们也要表现出良好的个人修养，让对方感受到自己的真诚，从而理解自己的拒绝。总而言之，拒绝是一门艺术，不但要有勇气，更要有智慧。

一天，小玲接到老同学丽丽的电话："小玲，我遇到麻烦了！我要给客户做一批产品，可是说明书上全是俄语，我根本看不懂。你大学时不是学过俄语吗，帮个忙吧！"

小玲一听，顿时犯难了。虽然自己学过俄语，但并非专业的俄语翻译，而且说明书上的语言十分专业，翻译起来可不轻松。加上自己手头上的工作还有很多，也腾不出时间来帮忙。她想了一会儿，很客气地说："我也很想帮你，但你是知道的，大学学的那点东西，我差不多都还给老师了，以现在的水平恐怕难以胜任啊！"

"别这么谦虚，你的水平我很了解，难不倒你的。"丽丽说。

"我可没这么自信，翻译的不到位就会影响你的工作。而且我最近急着做一个项目，已经奋战好几天了，没睡过一天好觉，以目前的状态根本不适合翻译说明书。保险起见，我觉得你还是找一个更专业的翻译帮忙。"

听了小玲的话，丽丽想了想，只好说："你说的也对，翻译专业的说明书的确不是一件容易的事，我还是找专业翻译吧。你要多注意身体，别总是加班！"

面对老同学的请求，小玲深知自己难以胜任，便巧妙地推脱了。如果换做直性子的人，可能会直接说"不可以""办不到""做不了"等。虽然表明了自己的立场，但也会给对方带来不愉快的感受。小玲拒绝对方的语言十分委婉，不刺耳、不伤人，又合情合理，让对方不忍继续麻烦她。其实，拒绝他人并非难事，只要把拒绝的话说得动听些，是可以得到对方的体谅和理解的。

为了很好地应付各种自己不愿做或者不能胜任的事情，直性子的人要学会巧妙地拒绝他人，在不同的情境中灵活地说“不”，让自己在拒绝时也拥有一副可亲、可爱的面孔。

首先，拒绝他人一定要彬彬有礼。直性子的人在面对他人的请求或者邀请时，倘若不愿意就会直接拒绝，往往表现得很冷漠或者失礼，给对方留下不好相处的印象。因此面对他人的请求或者邀请，即便十分不情愿，也要做到彬彬有礼。例如，朋友邀请你一起逛街，而你不想去，这时就可以礼貌地说：“谢谢你的邀请，我已经有约了，咱们下次再聚吧。”对方听到这话，自然不会再勉强，你也不会觉得失礼。

其次，拒绝他人时不需要说明理由。因为无论是拒绝还是接受，都是在向对方表明自己的立场，因此态度要十分明确，以免让对方产生误会。如遇到借钱不还的人，又来借钱，而自己不想借时，直性子的人可能会说“不借”，或者把自己“不借”的理由如实告诉对方。例如：“我这个月手头比较紧”“我的钱借给某某，他下个月才还”等。对方一听，可能会说：“那你下个月借给我吧。”如此一来便会节外生枝。因此不妨直接礼貌地说：“对不起，这个忙我帮不上。”

最后，在特殊场合，拒绝他人就不能太直接、简单。例如，餐厅、酒店、娱乐场所等，如果服务员或者老板因为性子直而过于简单地拒绝客人的要求，那就不容易见到回头客了。

四川的美食学家罗亨长先生曾开了一个名为“吞之乎”的火锅店，店内文化氛围很浓，吸引了不少客人。开门迎客，难免遇到一些故意为难老板的客人。

有一次，一位客人说："老板，你们店里有没有炮弹？"

罗亭长一听，笑道："有啊！泡皮蛋、泡盐蛋，您要哪一种？"

客人见状，又问："那你们这儿有月亮吗？"

罗亭长听后连忙让服务员把窗户打开，并在窗前放一盆水，一轮圆圆的月亮倒影在水中。然后他又对后堂喊道："来一份'推纱望月'！"

客人都纳罕，难道真的有"月亮"这道菜？菜端上桌，客人们一看，原来是"竹荪鸽蛋"。罗亭长笑着说："竹荪就是纱窗，鸽蛋好比月亮，所以我给它取了个新名字——推纱望月。"

客人一听，哈哈大笑，便不再为难他了。

如果罗亭长不加考虑就拒绝客人说："对不起，我们没有炮弹。"客人自然觉得十分扫兴，对这家火锅店也不会有太多的兴趣。

直性子的人在拒绝他人时也要看交情的深浅。对于只有一面或几面之交的人，只要礼貌地直接拒绝就可以了。当然，也要注意措辞的委婉，不能伤害到对方的自尊心。对于十分熟悉的人，委婉拒绝的同时还要留余地，免得影响彼此的交往。拒绝同事时一定要给足对方面子，最好找一个合理的借口，让对方欣然接受。拒绝上司就有一点难度了，不但要把话说得好听、让对方信服，还要考虑自己的处境。尽量在不影响自己前途的情况下，让对方体谅到自己的难处。

不能说的秘密，一定要守口如瓶

众所周知，犹太人是最会保守秘密的，在他们之间也流传着许多守秘的箴言。例如："有三个以上的人知道的消息就不能称之为秘密了""听到秘密很容易，但要保守秘密是很困难的"，等等。为了尊重他人的秘密，防止人们对秘密采取任何方式的查探，他们甚至把泄密看作违法行为。如果有人泄露了他人的秘密，就会受到世人的鄙视和指责。对于直性子的人而言，有时候保守秘密是一件十分困难的事情。

陈凯是个直性子，说话做事很少三思而后行，为此得罪了不少人。一次和同事们聚餐，酒过三巡，大家开始畅所欲言。或者倾诉生活和工作中的不如意，或者畅想美好的未来，或者吐槽同事、上司的糗事。

"你们还记得人事部的小余吗，上次招聘会上，有一个特别漂亮的妹子来应聘前台，各种条件都符合，谁知她居然把人家给PASS掉了。"

"很明显是羡慕嫉妒恨嘛，女人真是可怕的生物！"

看大家说得热闹，陈凯也忍不住了。张嘴就说："这算什么，市场部的小赵才狠呢！为了拿下订单，不但挖同事的墙角，还给客户送礼，真是无所不用其极啊！”说完他便哈哈大笑起来。

可是其他同事却笑不出来，因为他们看着一脸铁青的小赵，十分尴尬。

“陈凯，我把你当朋友才告诉你这些事，你就是这么给我保守秘密的？”说完，小赵愤然离席。

看着小赵的背影和大家的惊愕，陈凯打了自己一个耳光，恨不得找个地缝钻进去。他和小赵的交情就此完结不说，其他同事也不再信任他了，谁也不敢和他深交了。

故事中直性子的陈凯没有管住自己的嘴，当着众人的面说出了小赵的秘密，不但伤害了双方的友谊，也让自己的信誉扫地。对某些人，特别是直性子的人而言，为他人保守秘密非常困难，而终身为他人保守秘密更是难上加难。

当一个人把秘密保留在心中，那么他便是秘密的主人，一旦他将秘密告知他人，就会变成秘密的奴隶，受道德的谴责，但人们往往很难守住秘密。当人们得知他人的秘密时，总会通过各种途径将之泄露出去。例如，与他人争吵时、饮酒后、与好友聊天时，等等。日常生活中，当一个人掌握许多秘密时，总能引起周围人的注意，因为大众总是乐于探知他人秘密的，也会想设法让秘密的持有者将其泄露出来，以此来满足大家的好奇心。一些直性子的人认为这是人之常情，其实，这是对他人的不尊重，也是对自己的不负责任。所以无论我们掌握何种秘密，都要努力保守，这既是对他人的尊重，也能让自己得到更多人的信任。

而保守秘密也是试探一个人是否值得信任的试金石。

很多直性子的人认为，始终把秘密藏于内心，就会给自己带来很大的心理压力和痛苦。藏有秘密就像一位身怀六甲而即将临产的孕妇，只有把秘密“生出来”才能一身轻松。其实，只要让秘密死在心里，慢慢忘掉它的存在，我们就不会感到痛苦。

而保守秘密也是有技巧的。

美国前总统罗斯福曾在海军就职，当时美国海军打算在加勒比海一带建立一个潜艇基地。一位深交的好友便向罗斯福打探消息，罗斯福环顾四周，十分谨慎。这位朋友以为罗斯福会把这个秘密告诉自己，连忙把耳朵凑上前去。

罗斯福轻声问道：“你能为我保守秘密吗?”

这位朋友爽快地说：“当然能，我一定会守口如瓶的!”

罗斯福听后笑道：“我和你一样，也会守口如瓶。”

朋友一听，无奈地笑了笑。

其实，有时候我们不是不会保守秘密，只是难以招架他人在各种场合对秘密的探听。当他人运用各种方法探听秘密时，我们一句简单的“无可奉告”是难以满足对方的好奇心的，而且还会让对方产生被拒于千里之外的不悦感。因此我们要因人、因场合的不同，采取灵活的拒绝方式，努力保守秘密。

有一位年轻人去某大型企业应聘，求职者很多，竞争十分激烈。面试结束后，他和很多人顺利进入了笔试环节。

笔试的题目并不难，他飞快地写着，写到最后一个题目时却停下了手中的笔。题目的内容是："请写下您之前所任职公司的商业秘密，多写多得分。"

他看看其他的竞争者，此刻都在奋笔疾书，安静的考场内回响着"唰唰"的写字声。他左思右想，怎么也下不了笔。经过一番激烈的思想斗争后，他在最后一题的空白处写道："对不起，我不能回答这道题，我必须为以前的公司保守秘密。"然后收拾好自己的物品离开了考场。

他本以为这次机会会与自己失之交臂，但意外的是，第二天他就收到了录用通知。人事经理对他说："懂得保守公司的商业秘密，说明你是一个有着良好职业道德的人，我们公司需要像你这样的好员工。"

故事中的年轻人很直率地拒绝了应聘企业的不合理要求，他的这种表现，不但没有让对方感到不满，而且还受到了夸赞。可见，懂得保守秘密的人更能赢得他人的信任和尊重，也会受到重用。坊间有句话说，"世上最难的三件事：一是不浪费时间；二是保守秘密；三是忘记别人对你的伤害。"可见保守秘密是对人性的一个很大的考验。

第五章

点亮性格的阴面，让人生更加光彩夺目

“我”和“我们”的差距很惊人

说话的时候，多用“我们”，能够快速地拉近彼此的距离。性格太直爽的人，常常会忽略这个小细节。虽然“我们”比“我”只多了一个字，但这个小小的变化，却会让人感觉舒服得多。

国庆节假期，吴心无事可做，就打算约好朋友佳美一起去爬长城。

他打电话过去，佳美开心地答应了，只是她想带一个朋友一起去。“心儿，我想带一个朋友跟我们一起去，你觉得怎么样？”

“我不认识，会不会有些尴尬？”吴心倒是不介意带一个新的小伙伴，就是自己比较内向，要是到时候无话可聊，就有些尴尬了。

“她啊，性格特别直爽，喜欢讲笑话，你不用担心啦。”佳美说道。

“那好，就一起去吧。”吴心放心了，既然是个爽快人，应该很好相处，他想。

很快，爬长城的时间到了。三人一起爬完了长城，找了个吃饭的地方，点完菜后，就开始闲聊。

“吴心，我觉得，你的体质不太好。爬长城的时候，你的速度很慢。”佳美带来的新朋友丫丫说道。

“嗯，我身体有些弱。”吴心礼貌地回了一句。

“我看，你应该多出来爬爬山，呼吸一下新鲜空气。我看你脸色不够红润，人又这么瘦，多吃点补品吧。”

丫丫噼里啪啦说了一堆，吴心却只回一个“嗯”。而丫丫说不上哪里不对，就是感觉场面有些尴尬。

“我”，带有浓厚的个人主义色彩。故事中吴心本来就与丫丫不是很熟，因此说话的时候，丫丫就应该多用“我们”而不是“我”。因为“我们”可以迅速地拉近双方的关系，使对方感到亲切，这样场面就不会很尴尬了。

交流是增强人们感情最常用的方式，因此我们与他人交谈的时候，要时刻注意其他人的态度与反应。如果对方已经对你的话失去了兴趣，或者场面很尴尬了，那么你就要注意你的语言了。生活中，有很多像丫丫一样的人，性格开朗直爽，有一说一。但与人相处的时候，他们总是会忽略一些细节问题，比如，“我们”与“我”的用法。

大多数人说话的时候，总是喜欢谈论自己的事情，而对那些与自己关系不是很大的事情，并不会有多少兴趣。可是，对你来说，最有意义的事情，在别人那里，也许是最无聊的事情。交流的时候如果只顾着说自己的事情，不给对方接话题的机会，那么这段交流就是失败的。

因此与人交流的时候，建议多使用“我们”，而不要总是使用“我”。尽量忘掉自己，将话题集中在大家的身上，而不是你的生活，你的家人。“我们”这个词能引导别人参与到谈话中，也会使对方感到舒服。尤其是初次认识的人，聊天的时候多使用“我们”，别人就更容易接受你的话，甚至对方也会变得很热情。因为风趣、幽默的说话方式会给别人留下好的印象。

张杰即将休假了，他原本打算跟妻子一起出去旅行。当他把这个想法跟妻子说了之后，妻子也表示赞同。

但是究竟去哪里呢？是跟着旅行团出去还是自驾游呢？

妻子说：“我们可以考虑跟团，但是要选择正规的旅行社。”妻子觉得跟团比较方便。不用规划行程和时间，跟着导游就可以了。

但是张杰却不以为然，“我不喜欢跟团，新闻上不是总说导游这个不好，那个不好吗？我觉得我完全可以处理好自己的假期。我想，你听我的，就可以了。”他的话说得太直接，妻子有些受不了。

妻子想，丈夫有些偏颇，便说道：“我以前的同事现在就在旅行社工作，而正规的旅行社还是很不错的。”虽然丈夫一向自我，但有了孩子之后，尤其是这几年，她觉得丈夫该改变一下说话方式了。

因为孩子的性格随了丈夫，非常耿直，就连说话的方式，也随了丈夫。妻子想，孩子可不能像丈夫那样。

“宝宝简直就是你的缩小版，你可不能总这么说话了，总是‘我怎么怎么’，宝宝总跟着你学。”妻子对张杰说。

“这又不是什么大事，都过这么多年了，我是什么人你还不知道嘛。”张杰一边说，一边还想着妻子是在小题大做，借机找茬。

面对张杰一副不愿再谈的样子，妻子也不知道该怎么办了。

故事中的张杰之所以不同意妻子的意见，本质上说，他是一个比较自我的人。大家聚在一起聊天，都有表达的欲望，如果这种欲望不能抒发出来，就会很难受。试想，一群人在一起说话，其中一个总是“我怎么怎么”，其他的人完全没有机会讲话，或者他们想接话，但接不上，心里一定不舒服。假如大家没有说话的机会，自然也就对这场谈话失去了兴趣，最后的结果只能是不欢而散。

不知道大家是否注意过，记者在做采访的时候，常常会用“我们”开头，这样的说话方式能够拉近采访者与被采访者之间的距离，被采访者会卸下防备，说出记者想要了解的事情。“我们”这个词，表达了“你参与其中”的含义，因此会让别人产生参与意识。

不是说性格直爽不好，而是性格直爽的人比较粗心大意，常常会忽视一些问题，比如，聊天技巧之类。而身处社会，直性子的人还要注意性格中的缺陷，这样才能生活得更好。

而多用“我们”，能够激发对方的表达欲望。话不仅仅是说给自己听的，也是说给别人听的。如果只顾着说自己的，总是以“我”开头，忽略了别人的感受，不注意他人的反应。最后，只能让交谈变得非常尴尬且无趣。不要以为，说话的时候，把“我”换成“我们”是一件无足轻重的小事，一个非常简单的小细节，它所发挥的作用却是不可估量的。

相互体谅，才是为爱负责

爱，是互相的，也是建立在双方互相理解的基础上的。如果打着直性子的幌子，只知道向他人索取，却不知道回以他人同等爱的行为是不可取的。

静静的男朋友刚子是个摄影师，昨天刚拍完一个关于虾的封面。加了一天一夜班后，带回来十几只大虾和一些新鲜的食材。

一回家，刚子就进了厨房开始做饭。他把食材都放在一起，做了一个麻辣香锅。

刚子的厨艺非常好，两人又都喜欢吃辣。没一会儿，静静就着麻辣香锅，就吃掉了大半碗米饭。

“你将剩下的这两只留给我可以吗？一共十三只，就剩下两只了。”刚子对静静说。

正准备夹虾的静静愣住了，继而有些生气道：“我就吃几只虾，你就说我。而且你还数虾的个数。没见过你这么小气的人。”

刚子道：“大家分的，给我十三只。你总是这样，做什么都只顾着自己。”

“你也可以自己夹啊，说我干什么。”静静觉得自己没错。

刚子说道：“你说话总是这样，再这样下去，我都要受不了你了。”

静静更生气了，说道：“我说话就是这么直接，你就不能谅解我吗？”

直性子的人总是要别人谅解自己，原谅自己的“直言不讳”。但他们可能很少顾及别人的感受。无论是亲情还是爱情，都是相互的。如果爱不是建立在相互理解的基础之上，那么这种感情就不会长久。一段健康的关系，一定是相互的。只是单方面的付出，或者其中一人比另一个人爱得更深，起初不会觉得有什么；但时间久了，付出多的那一方就会感觉不平衡，那这段关系距离分崩离析就不远了。

谁都有疲惫的时候，付出的多，却没有得到同等的爱，就会改变。而爱是相互的，需要双方一起经营，才能长长久久。

一段感情是否能够长久，重要的是互相谅解。相爱的人要学会包容对方的缺点，感激对方的付出。有时候，因为对方没有顺你的心意，就横加指责，这样会伤害彼此的感情。爱是相互的，当你“直言不讳”的时候，有没有想过，对方的感觉。

所以直性子的人，要学会改变自己。其实想法变了，对待事情的态度就会跟着改变。而态度改变了，习惯就会随之变化，紧接着，性格就会发生变化。

孙璐最近想换一台性能比较好的电脑，因为现在手里的这台笔记本已经用了好几年，工作的时候总是出问题。但她经济方面有些拮据，为此孙璐就开始“节衣缩食”，打算存够钱再去买台电脑。

同事兼好朋友的范范知道了，说：“你跟我一起吃饭吧，不能拒绝。我真是看不下去了，你不好好照顾自己，能让人省心嘛?”范范向来耿直，说什么就是什么，不容别人拒绝。

“不要了吧，你的工资也刚够你花而已。”孙璐想拒绝。

“不行，就按我说的办。上个月我没钱交房租，还是你借给我的。我还去蹭了你好多顿饭。互相的嘛，听我的没错。”范范说道。

同事李嘉梦也知道孙璐省钱买电脑，就说：“唉，不能不吃饭啊。没钱就别买那么贵的电脑了，反正你现在的电脑还可以用，急什么。”李嘉梦也是个直性子，但她说话的方式，总让人听着别扭。

“嗯。”孙璐勉强地点点头。

组里的同事都喜欢范范，却不喜欢李嘉梦。李嘉梦能感觉到，但她并不清楚是为什么。明明是范范的性子更直。

通过上面的故事，我们知道，并不是性格直接的人说话都难听。有时候，懂得体谅别人，明白友情、亲情都是相互的，说话、做事多为别人着想，即使性子再直，也不会让人讨厌。相反，还会让人更喜欢。

少看别人的缺点，多看闪光点

每个人都有自己的长处，只有善于发现他人闪光点的人，才能处理好复杂的人际关系。

“你先把要带走的文件收拾好，要不，明天忘记了，就麻烦了。”妻子提醒丈夫。

“嗯，我知道了。”丈夫应了一句。

谁知道，第二天，丈夫还是落了东西在家里。于是，妻子只好跑了一趟，将文件给他送到机场。

妻子埋怨道：“你总是这么粗心，说了也不听。你说说，我跟你过了这么些年，你有什么优点。我都不知道该说你什么了。”

“我不就落了一个文件嘛，你就这么说我。那你看谁优点多，你跟谁过去吧。”丈夫气呼呼地说道。

“我给你送文件还有错了，你还有理了。你看，你的脾气也真差。”妻子回了一句。

“真是生气，你走吧。我准备登机了。”丈夫拉着行李箱走了。

每个人身上，都有值得被称赞的地方。每个人都希望能得到身边人的赞美，希望自我的价值被认可，尤其想得到家人、朋友的认可。但是故事中的妻子却没有意识到这一点，她认为，丈夫身上没有任何闪光的地方。丈夫的价值被否定了，肯定很生气，所以才会跟她争吵。如果妻子总是如此，夫妻间的关系就会恶化。

有些人会说：“我不是否定他，是他身上实在是没有闪光之处。我只是实话实说罢了。”性格直爽，直言不讳没有错，但是总是否定别人的话，还是不要说出来。

你没有看到别人的优点，或许是你观察的不够仔细，抑或者是你们的关系比较浅，还不了解人家。比如，某人很会做饭，如果你们的关系不够亲近，你也不会知道他有这个优点。而只有最亲近的人，才知道他的厨艺很好。

有人曾说过：“人都是活在掌声中的，当下属被上司肯定或者受到奖赏的时候，他就会更加卖力地工作。”赞美别人，发现别人的优点，会激励他们不断地完善自己。

心直口快无可厚非，但不要总是贬低别人。如果你被别人贬得一无是处，那你也会不舒服。真性情是让人说真话，不是说刺耳的话。

午饭时间到了，董妍妍问对面工位的小乐，“你忙完没？吃饭去吧？”

小乐说：“好啊！等我一下。”

两人吃饭的时候聊起了新来的男同事。因为新来的男同事正在追求小乐。

“我觉得他不怎么样。人长得一般，个子也不高。还闷闷的，不怎么爱说话。如果你们在一起，多无趣啊。抛开这些不谈，他刚进来，工资还不是很高，给你买包包的钱大概都没有。我心直口快，你别介意。但都是为了你好。反正我至今没从他身上看出什么优点。”董妍妍说道。

小乐觉得他还不错，打算接触试试。听到他被董妍妍这么说，心里有些不舒服。

“可是，我觉得可以跟他试试。虽然你觉得他没什么闪光点，但我感觉，他有很多优秀的地方。外貌其实不是很重要，看得过去就好了。虽然他闷闷的，但他很会关心人。每天早上，都会给我带早餐，而且还是自己做的，厨艺非常好。只是他来得很早，放到我的工位上就走了。你从来没看见过。而且他非常有上进心，最近还在准备日语一级考试。他的优点或许别人看不到，但我能看得见。”小乐对董妍妍说道。

“你是当局者迷，我说什么，你都不会听的。”

董妍妍想，还是小姑娘啊，这算什么优点。

每个人身上都有闪光点，有些人的优点，短时间内，是看不出来的。就像故事中，董妍妍对追求小乐的男同事的了解一样。直率没有好与不好之分，直率也不等于说难听的话。虽然实话都应该说出来，但不能因为你没有发现别人的闪光点，就否定别人没有，这种看法是错误的。

看人不能只看表面，也不能只看某一方面。外貌不出众的人，或许心灵很美。不爱说话的同事，可能非常善解人意。现实生活中，没有十全十美的人，同样也没有十恶不赦的人。善于发现别人的闪光点，才能发现这个世界的美好。

总是说别人这个不好，那个差劲，还自诩自己只是直言不讳，这本身就是很差劲的行为。这种行为，不仅会伤害别人，还会让自己的形象变差。

当我们在对待某些人或者某些事的时候，不经意地戴上“有色眼镜”去评判别人时，自然就会忽视掉别人身上的闪光点。孔子说过：“三人行，必有我师焉”。不管我们有没有发现，总之，它一定是存在的。

别太拿自己当回事，也别不把自己当回事

有时候，别太拿自己当回事。与人交往，总是一副高高在上的样子，让人感到厌烦。但也别因为自己不是很优秀，就妄自菲薄。毕竟，每个人都有自己擅长的事情。

李玲的合租室友张萌比她年长几岁，跟她还是同行。相处了几天，李玲觉得张萌是个直爽的人，心想，以后应该很好相处的。本以为自己遇到了一个知心大姐姐，谁知道，却遇到一个总是让人下不来台的直性子。

一次，李玲的公司要组织一场员工运动会，并给每个人发了一套阿迪达斯的运动服。李玲从来没买过这么贵的运动服，下班回家后，就迫不及待地试穿了一下。

张萌看到了李玲的衣服，不屑地说道："你的品味可真土，这都是阿迪前年的老款式了，你还那么喜欢。"

李玲本来很开心，被她这么一说，喜悦之情一下子就被浇灭了，脸色瞬间就暗淡了下来。

张萌看李玲脸色不好，说道："我这个人就是说话直了些，你别介意哈。"

后来，李玲不管做什么事，张萌总是以过来人的身份，说李玲这个怎么，那个怎么。时间长了，李玲就疏远了张萌。

实际上，故事中的张萌根本不是性格直与不直的问题，是不懂得尊重他人的表现。与人相处，说话的内容与态度非常重要。性格直爽，喜欢直言不讳，就要注意自己的说话方式。张萌可以直接说李玲的衣服是旧款，但不应该带着鄙夷的语气，说李玲土气。社会之中，不是所有人都必须包容你。大家都是普通人，相互尊重是一种礼貌。

别太拿自己当回事，低调做人才不会变成众矢之的。总是一副高高在上的姿态，见谁不顺眼就说谁，也不顾及别人心里的感受，只追求自己心直口快的人，迟早会被淘汰出局。一个家庭，一个企业，离了谁都会照常运转。没有人是不可替代的。比如，事业性单位，某个职位空缺了，候补之人多不胜数，现如今更是人才济济。

低调做人指的是待人不假惺惺、不惹人嫌弃、不招人嫉恨，纵然你的能力比别人强很多，也要学会低调。何况，你的能力也许并没那么强。仗着自己是直性子，资历高，年纪大，逮着谁就说谁，不仅会把自己的时间和精力浪费掉，还会让自己的人际关系变得越来越糟糕。而人与人之间是平等的，只有肤浅的人才会太拿自己当回事。

低姿态绝不是懦弱的表现，相反，它是一种智慧的为人处世之道。低调做人，是个人风度和修养的体现，而甘于低调的人，在自己的行业内往往有着极高的造诣。别拿自己太当回事，就不会因此失衡。如果把自己看得太高，摔下来的时候就会很疼。只有用平常心来面对一切，才能在喧嚣的世界中找到自我真正的价值。

陈晨因为天赋过人，二十多岁就当上了乐队指挥。这在行业内，也是非常少见的。

刚当上乐队指挥的时候，陈晨非常得意，甚至有些忘乎所以。认为自己才华横溢，没人可以取代自己。见谁演奏的不好，他就会严肃地指出来，不管排练的时候有多少人看着。久而久之，除了排练的时候，乐团成员几乎不跟他说话。

他不知道这是怎么回事，心想，如果是因为他总是指责他们的话，那他是可以改变的。

于是，陈晨变得小心翼翼。但过分的迁就导致团员某次在外表演的时候，发生了演出事故。

为此，乐团的所有人纷纷指责陈晨，可是他却很委屈。他不明白，已经把自己放到了很低的位置了，怎么大家还是不喜欢他。

是的，做人要低调。但是在某些事情上，也不能太不把自己当回事。任何事情，都会过犹不及。适当的低调，是谦逊；过分低调，就会显得软弱。陈晨是乐队的指挥，之前总是直接说出别人的错误，是有些过分。而因为自己的直性子就什么都不说，就是渎职。

生活中，有些直性子的人就是这样，担心直言不讳会影响自己的人际关系，就会过分地低调。因此常常不拿自己当回事。如果你自己都不拿自己当回事，别人又怎么会给予你尊重。在某些事情上，不要把自己不当回事。当自己的正当权益被剥夺的时候，就要勇敢地说出自己的想法。而多数人讨厌的不是直性子，而是那些只会“恶言相向”的人。

某电视台曾在餐厅做过一档节目。节目中，男人假装家暴自己的妻子。但十五分钟内，没有一个人出来制止男人的行为。这么多人在餐厅吃饭，难道就没有一个人是直性子吗？答案：当然不是。但他们不敢发声，担心直言不讳招来麻烦。

低调做人并不是指做“老好人”。而是为人友善，自信而不自傲，低调而不低沉。

总而言之，做人别太拿自己当回事，事事觉得高人一等只会吃大亏。也不要不把自己当回事了，把握好说话的方式和态度，直言不讳依旧会受到大家的欢迎。

不能因为偏见，就慢待他人

一般来说，当我们对一个人抱有偏见时，不管这个人做什么，我们都会感到很厌烦。而这种厌烦，在别人看来，可能就是傲慢。

尤丹特别不喜欢别人留指甲，特别是男人。即使有一点点都觉得很讨厌。只要发现别人的指甲长点，即使这个人再怎么优秀，尤丹也不会再跟他接触。如果避不开，她就全程“冷漠脸”。

大家不知道尤丹有这个小毛病，只觉得她特别傲慢，尤其是公司里的女同事。因为受不了尤丹，大家吃饭都不爱叫她，工作上也尽量避开她，毕竟助理不只有她一个。

但尤丹还不知道，只知道自己的工作越来越不顺心了。

大多数人对一个人有了偏见之后，就会选择远离这个人，并避免双方有所接触。而那些脾气急躁的直性子对某人有了偏见之后，则会表现出很明显的厌恶，这样则会让别人感觉他们非常傲慢，也就是人们常说的“高冷”。其实，他们并不是傲慢，只是对不喜欢的人有偏见，所以不想理睬而已。

他们从不掩饰自己的情绪，不喜欢就直接忽视别人，或者直接让别人下不来台，这实际上是一种缺少修养的行为。为人处事，还是要友善些。人们常说：“做人留一线，日后好相见”。一个人说你傲慢，就会有十个人、上百个人说你傲慢，久而久之，大家都会认为你是个傲慢的人。在大多数人眼里，傲慢是一种不好的品质。既然都认为你是一个傲慢的人，又怎么会有人愿意帮助你呢。

有些人会说：“我才不会那么虚伪，我不喜欢的就很冷淡。反正我的朋友知道我是什么样的人”。可是一个人只要有上进心，就不可能一直待在自己的小圈子里。只要你想过得更好，就要接触新的环境，认识新的朋友。但无论圈子再怎么变，也不会与原先的圈子完全脱离开，而新圈子里的人可能就会听到一些关于你的传言。所以待人和善些，纵使不喜欢或者厌恶，也别表现得那么明显。

李洁家境不错，因为家里开着公司。在国外读完研究生后，李洁回国后就进了自己家的公司。

可能从小家境比较好，而学习成绩又好，一些为人处事的小细节，李洁一点也不在意。比如，她性格特别直爽，从来不会控制自己的情绪。一旦讨厌某人，就会理也不理。

最近，李洁发现，居然有人说她特别傲慢，她感觉特别无语。

君君是李洁的好朋友。有一次，君君跟李洁的合照被同事周扬看见了，周扬就对李洁有了好感。

周扬一直问君君要李洁的联系方式，磨了几天之后，君君就将李洁的微信号告诉了周扬。在这之前，君君已经问过李洁是不是可以给联系方式，所以李洁也知道这件事。但聊了几次之后，李洁感觉，周扬有很严重的“直男癌”症状，于是不打算再跟他联系。

周扬却跟君君说：“李洁怎么那么傲慢，好像看不起我一样，都不怎么理我。”

“不是啊，她特别好相处。”君君一边回答周扬，一边还打算问问李洁，是不是发生了什么事。后来，她把这件事告诉了李洁。

“说我傲慢？‘直男癌’真是可怕。”李洁回了条微信给君君。

“你对他有偏见吧，他可能只是大男子主义了一些。”君君说道。

“反正我是不会再理他了。”李洁回复道。

傲慢的人，是很难变得越来越好的。也许你只是不喜欢那个人，认为他有一些毛病是你所不能接受的。简单地说，你只是对这个人有一些偏见。在一些直性子的人看来，不喜欢就直接忽略，并认为这很正常也不去想，这样的自己在对方的眼中将会显得特别傲慢。而大多数人都不会给傲慢的人提意见，因为他们认为，傲慢的人是不可能听得进去别人的建议的，更不会学习别人的经验和教训。时间久了，傲慢的人退步是很正常的。

只要踏入了社会，我们就要面对复杂的人际关系，而处理人际关系最简单的技巧，就是别把情绪挂在脸上。只有不成熟的人才会说，不在乎别人的看法。

新来的同事，可能面相比较凶。你就认为，他是一个不好相处的人。如果再碰上他恰巧因为策划案不顺利而发脾气，你就会想：他果然不好相处啊。事实上，你都没有跟他深入接触，只凭自己的感觉去判断一个人，这样未免也太肤浅了。对同事持有偏见，就故意不理他们，他们就会感觉你十分傲慢，有了好的项目，也不会跟你一起合作。毕竟，这个岗位也不是只有你一个人。或许正因为你的偏见和你所表现出来的傲慢，让你失去了升职加薪的机会。

明代思想家、军事家、心学的集大成者王阳明曾说过："现在人们最大的缺点，基本上就是一个傲字，千万种罪恶，都是从傲里滋生出来的。傲就会自高自足，不肯屈人之下。所以儿子傲，就不能孝敬长辈；弟弟傲，就不能尊敬兄嫂；臣子傲，就不能做忠臣。"

大家都知道傲慢不好，所以也不喜欢跟傲慢的人交朋友。即使你并不傲慢，但是听的多了，谁还会在意，你到底是不是真的傲慢。但他们只会相信，你就是一个傲慢的人。

所以纵使不喜欢一些人，也要换种方式表达，不要让别人误以为你是一个傲慢的人。时时检点自己，彻底去掉身上的急躁。当我们只剩下直爽、友善的时候，人生也就会变得顺畅多了。

"每日三省吾身"，少怪罪他人

一个人成熟的第一个标志：就是敢于承认自己的错误，而不是将所有的责任都归咎于别人。

熟悉小金的人都知道他是个热心肠的人，但是大家都说，不能和他合作！

在大学时，辩论会失败了，小金会说是辩题有问题，队友没尽力。下一次又失败了，他又会说是对手太厉害了，他没有办法获胜，自己准备的材料都没有用上。期末考试小金有两三门课亮了红灯，小金却觉得是自己复习的内容没有考才导致的失败，是自己运气不好。其实，在考试前他接连上网根本没有好好复习，所以才会在考试的时候挂科。

周末的时候朋友们结伴出去玩，因为出游线路的问题，小金又开始和大家争辩了。他主张骑车出行，因为他觉得这样可以更好地欣赏风景，也可以更便捷地去想去的地方。最后拗不过他，大家都同意骑车出行。但是天公不作美，一出门就遇到了雷阵雨，一行人刚刚踏上林间的小路，就被迎面而来的大雨淋成了落汤鸡。有人开始抱怨，为什么要选择这样的出行方式。而小金却理直气壮地说："你们为什么不告诉我天气状况!"看他振振有词的样子，原本已经沮丧的大家，都不想再跟他争了。只是在心里默默想着，再也不跟他一起出行了。

工作之后，小金也没有变化。依然喜欢把所有问题都推到别人身上。项目出现问题，他埋怨是上一级没有好好沟通，给他的工作造成了困难。领导指出问题，他又是那副振振有词的样子，他的理由总是层出不穷，什么家里有事耽误了，心情不好，和女朋友吵架了，等等，总之都是一些无关紧要的小事。上周因为工作延误，他被批评时又拿出了这些理由，没想到这一次领导并不买账，直接就炒了他的鱿鱼。

而失业了的小金还不知道自己哪里出了问题呢。

故事中的小金遇事总是喜欢抱怨，出了问题第一时间想到的不是如何解决问题，而是怎样直截了当地将责任推给别人。而从他的这一行为也可以看出，他是一个没有责任感的人。

每个人的性格中都有“阴暗”的一面，即使心直口快、直率大方的直性子的人也会有性格方面的缺陷。例如，故事中的小金就是这样。在将问题丢给别人的同时，他还直接表达出了自己的不满，这对身边的人就是一种伤害。因为他从不反思，和他合作就要承担所有的风险；因为他从不反思，因此所有的结果无论好坏都与他无关。这样的一个人，又怎么会让别人放心地与他合作，领导又怎么会放心地将工作交给他呢？

现实生活中，有大部分的家长都有这样“照顾”孩子的经历：孩子摔倒了，为了防止或者制止孩子哭泣，就打桌子两下，一边打还一边告诉孩子：“都是它不好，才摔了你！”久而久之，孩子就会把推卸责任变成一种习惯，认为所有的状况都不是自己的原因。这种思维在成年人的世界里是非常可怕的。因为这就预示着他们无法承担和他年龄相匹配的责任与义务，会成为一个“不靠谱”的人。

万斯同是我国清朝初期的著名学者、史学家。我国重要史书《二十四史》的编撰，万斯同就参与了。和很多淘气的孩子一样，小时候的万斯同也很顽皮。有一次，家里来了很多宾客，父亲想考考他，也好借机在宾客面前博个面子。由于贪玩，万斯同并没有好好读书，回答不出父亲的问题，还让在场的所有宾客都哈哈大笑不止。同时还有人开始批评起万斯同。恼怒之下，万斯同上去就掀翻了宾客们的桌子。

他的父亲非常生气，将他关到了书房里。万斯同也非常生气，他恨父亲将自己关了起来，也非常讨厌读书。但是过了几天，他开始静下心来好好反省，并在阅读《茶经》时受到很大的启发，决心从现在起开始用心读书。

转眼一年时间过去了，万斯同再也没有淘气过，而是在书房中读了很多书。他的父亲原谅了他，万斯同此时也明白了父亲的良苦用心，知道他是为自己好。后来，万斯同经过长期的勤学苦读，终于成了一位通晓历史、遍览群书的大学问家，并参与了《二十四史》之《明史》的编修工作。

故事中的万斯同也是个急脾气、直性子的人，盛怒之下的他不管不顾，掀翻了宾客的桌子。在经过一番反省之后，他终于领会到父亲的良苦用心，同时也感受到了书本的魅力，最终成为一代学者。

反省自己是一种勇气，同时也能够从自己身上发现问题，并找到原因。反省自己是一种品质，能够面对一个真实的自己，但这需要一个睿智、广博的灵魂。反省是一面镜子，会映照出一个人品行的好坏及行为是否得体。反省是一把剪刀，能够帮助人们随时修剪生命这棵大树的分叉和杂枝，让成长更加美好而正确。在生活中，方方面面的反省，不但能够迅速提高自己的能力，而且让自己在工作中更上一层楼。在家庭里的反省，可以体谅家人的不易，让亲人之间更加和睦亲密。在爱情中的反省能及时发现爱情的状态，并做出调整，收获美丽的爱情。

每个人都是在不断的犯错中成长，也在一次次的反省中成熟。因此做一个懂反省的人，不但能更好地认识自己，认识别人同时也在不断地提高自己。

帮助他人，也是成就自己

今天你帮别人搬开的绊脚石，说不定明天就会成为你的垫脚石。

在小区的门口有一个收废品的人，他每天都坐在门口，见到进进出出的人也会打招呼，没事的时候就坐下看看书。他经常帮助小区里的住户，只要有人搬家，他就去帮忙抬个家具，收拾一下东西，而且从不记报酬。久而久之，大家和他就熟悉了。

当家里有什么不需要的废品时，大家也都想着他，慢慢地，他的生意越来越好。

但是周围其他收废品的眼红他的生意，开始联合起来排挤他，想要把他赶走，有一次甚至把他都打伤了。由于他跟小区的保安很熟，最后在保安的帮助下他又回到了小区门口。而排挤他的人在小区里的生意则越来越不好，不得不改行。

他非常聪明，和大家的关系处得也很好，而且还能提供上门服务。谁家有废品，给他打一个电话，他就过去取。而且他的价格公道，从不缺斤短两，所以他的生意越来越好。从开始一个人骑着自行车收废品，到后来买了一辆电动三轮车，最近又买了小卡车来拉废品，同时还带动家里的其他人一起“致富”。

故事中收废品的他，总是在他力所能及的范围内帮助别人，并在周围人的“帮助”下，将自己的生活过得越来越好。这个故事告诉我们，对别人友善，别人也会对我们友善。而帮助别人搬开绊脚石，终有一天，搬掉的绊脚石就会成为我们自己的垫脚石。

世界的前进和社会的发展之所以能够持续下去，就是因为社会劳动分工的存在。而不同的社会分工，决定劳动的成果和创造的价值也不同。当我们完成了社会赋予自己的分工时，就意味着我们在帮助别人、在付出，同时也意味着我们在享受别人对我们的帮助。

帮助别人与成就自我，两者相辅相成，我们能帮助的人越多，所发挥的价值就会越大。与此同时，自我的成就也就越高。一个人的自我价值理想成就越高，也就意味着他对社会的价值越大，这个价值也体现在帮助别人上。

有这样一个故事。

漆黑的夜晚，一位僧人在急匆匆地赶路。因为他看不清前进的方向，一路上跌跌撞撞。突然前方出现了一个人，他手中提着一盏灯，那盏灯在黑暗中非常明亮，也为僧人照亮了前方的路。僧人十分感谢提灯的人，拱手对他作揖。而这位提灯的人说的话却让僧人大吃一惊。因为他说：“我是一个盲人！”

僧人大惑不解地问道：“既然你看不到，那你提着灯又有什么用呢？”

“我虽然不能用灯照明，但这盏灯可以为别人照亮前行的路。还可以让别人看到我。这样，他们就不会因为看不见我而撞到我了。”僧人听了，心里感触良多。

中国有句歇后语：“瞎子点灯——白费蜡”。但从这个故事中，我们可以看到盲人点灯，照亮了自己，也避免了被别人误伤。同时也为深夜赶路的人送去一片光明。

或许“各人自扫门前雪”是一种对自己负责任的行为，但是“莫管他人瓦上霜”却是一种人与人之间莫名的冷漠。每个人都需要生活在和谐温暖的世界中。当我们陷入困境之时，都希望有人伸出援助之手，帮助我们渡过难关。同样当他人陷入困境之时，也需要我们的帮助。而你因为昨天帮助了别人，明天有困难时就有可能得到别人的帮助。送人玫瑰，手有余香，帮助别人的同时也是成就自己。

1994年，一个名叫魏翔的年轻人，迫于生计在匈牙利开始经商。从摆地摊开始，两个月后他终于拥有了自己的第一家商店。这段时间里，他发现匈牙利人崇尚体育，并且都非常喜欢运动，于是魏翔决定从运动鞋开始做起。

魏翔在匈牙利注册了商标，选择在国内生产，他亲自为自己的运动鞋设计了一个wink的标志。wink是闪光的意思。寓意着有一天，他的鞋能够在匈牙利闪闪发光。

魏翔投放在杂志上的广告，很快就吸引了匈牙利国家特奥曲棍球队的总教练Pinteristvan，因为球队即将前往加拿大参加比赛，所以说他是来“拉赞助”的。

令Pinteristvan非常惊讶的是，魏翔毫不迟疑地答应了他的请求：为他的球队提供了16双鞋的赞助。那时候，魏翔的公司虽然才刚刚起步，没有多少资金，但是提供16双鞋对他来说还是小菜一碟。而魏翔也非常吃惊这位教练的朴实，所以毫不犹豫就答应了。

让魏翔更没有想到的是，这支球队竟然在加拿大举行的第六届世界冬季特奥运动会上一举夺冠。而 Pineristvan 为了感谢魏翔的赞助，把这个曲棍球队命名为“威克”曲棍球队，魏翔从此也持续对这个特奥体育项目进行赞助，十几年如一日。

此后，魏翔又无偿地赞助了特奥会的多个体育项目，都是通过 Pineristvan 介绍的。

而特奥会主席回报魏翔十几年来不断地给予他们的无偿帮助的方式，更是让魏翔惊讶不已：威克公司成了特奥会火炬在匈牙利传递的第一站，而魏翔，是第一个特奥会火炬传递的火炬手，第二个接替他的才是匈牙利的总理！

特奥会主席在接受采访时说道：“我们只是想通过这样的方式，可以回报一点儿魏先生给我们的帮助。”

从此，威克公司在匈牙利声名鹊起，威克运动鞋更是火爆异常。“威克”成为中国人创造、在中国生产、匈牙利市场成长和畅销的匈牙利知名品牌，并已成为欧洲多个国家，家喻户晓的驰名品牌。

无意中对别人施以援手，最终换来巨大的荣誉，也帮助自己登上事业的巅峰。这就是威克创始人魏翔当初友善待人的回报。中国有句古话叫“勿以善小而不为，勿以恶小而为之”。生活就是这样，帮助别人的过程中也会为自己带来惊喜，并成就了自己。

第六章

有容乃大，难得糊涂自有福

“巧舌如簧”不如“沉默寡言”

“信言不美，美言不信。善者不辩，辩者不善。知者不博，博者不知。”

博雅是一家杂志社的编辑，刚工作两年，有时候，会有一些采访任务。但两年了，她写的采访稿还是很空洞。

每次去采访，她的提问都循规蹈矩，问题也总是“您是如何想到这些的?”“您认为是勤奋造就了您的今天吗?”这些问题根本问不出实质性的东西，因为太官方了。博雅很佩服自己的师傅纪灵，她的采访稿总是阅读性很强。

一天，博雅跟着纪灵去采访，结束之后，两人去吃饭。其间谈到了一个问题。博雅是个直性子，她不服气，就想反驳，即使对方是自己的上级。

纪灵对她说：“现在，拿出你的能力，跟我辩论。你总是自诩能言善辩，我就看看你有几分本事。”

最后，博雅被纪灵说得哑口无言，又十分气愤，却说不出一句话。同时博雅第一次发现，这个脾气温和，平时不太爱说话的总编，原来是一个如此善辩的人。

纪灵对她说：“博雅，你记住，我们是记者，不是律师，采访别人，是要引导对方说出我们需要的内容，而不是与对方辩论。能言善辩的人，不一定事事都要与人争执。”

作为一名采访者，总是与人争辩，不仅不能得到采访对象的认同，还会让别人感觉你是一个很浮躁的人。直性子的优点是：可以让别人迅速了解你内心的想法。但性格之中的缺陷，还是要改掉。比如：牙尖嘴利。很多人会把牙尖嘴利误以为是能言善辩，而能言善辩，本质上指的是会说话，并不是把人说得哑口无言。能言善辩的人，能灵活运用各种理论依据，让对方接受自己的说法，但并不会让对方感觉到厌烦。一些直性子的人，恰恰就把握不了这个尺度。他们不懂得说话的分寸，只顾着表达自己的想法，最后让人讨厌也是无可厚非的。

能言善辩的人明白，要让别人信服不是必须要让他人哑口无言，而是在交谈中，让别人感觉舒服，因为他们清楚这一点，所以才不会轻易开口。试想，你找某个朋友去玩，结果因为一件小事，争论起来了，你被对方说得哑口无言，你心里是什么感受？所以说话不能只追求自己尽兴。

心直口快的人，与人交谈的时候，一定要注意倾听。认真倾听，才能真正了解别人的想法，也能让对方感觉到，他受到了尊重。什么场合说什么样的话，知道什么时候说话是最佳时机，比说话本身甚至说话的内容更重要。某些时候，即使你什么都没说，或许比滔滔不绝地说更能获得对方的好感。当他人与自己的想法不一致时，接受并且给予对方表达的权利，是一个成熟的成年人必备的修养。

在美国加州，有一位叫寇蒂斯的医生，是个热心的棒球迷。闲暇的时候，他经常去看棒球比赛。此外，他还加入了附近的蒂姆棒球俱乐部。

周末，蒂姆棒球俱乐部举行了第一次球员宴会，寇蒂斯虽然是新加入的成员，但因为棒球打得比较好，所以也被邀请了。寇蒂斯早到了一会儿，跟球员们聊了几句，宴会就开始了。

宴会上，在侍者送上咖啡与糖果之后，大家聊起了自己喜欢的棒球明星。

俱乐部的主人，也是宴会的主办者之一，杰克逊说道："我最喜欢赛扬，全联盟投手的最高荣誉就是赛扬奖，他真是一名伟大的球员。"

宴会的赞助人赖斯非常赞同杰克逊的说法，说道："赛扬是很厉害。我呢，最喜欢的是铃木一郎。在日本和美国是像神一样的球员。我超级喜欢他。"

"我也喜欢铃木一郎，他确实很棒。"一名球员附和道。

“赛扬也还好吧，也并不是那么厉害。最佳球员好像已经不是他了。”说完赛扬，寇蒂斯又开始说铃木一郎，“美国球手才是最厉害的，日本选手就是再厉害，也是受我们的影响。”

寇蒂斯是个直性子，听大家聊起棒球，就说了自己的想法。

大家开始不太喜欢他的言论，只是温和地表示不同意见，后来，这场宴会就变成了寇蒂斯与他人的辩论赛。

几次三番之后，大家就受不了了。

一名年轻的小伙子，出来制止了他的言论，说道：“大家并不喜欢你的辩论。”

小伙子的话让宴会得气氛变得很尴尬，本该进行到十点的宴会，不到八点半，大家就推脱着早早离开了。

辩论，在日常生活中，并不是一种有效的交流方式。一个人想要获得他人的认同，提升自己的自信心、勇气和能力，不是与别人辩论几句就可以做到的。能言善辩，不是什么难事，几乎每个人都有能言善辩的潜力。但是我们的生活不需要常常与人争辩，因为简单快乐才是生活的基调。

那些没有大智慧，却“能言善辩”的人，不管什么事情都要争个高低，说起话来不饶人，非要对方信服才住口。这样只能让他们的人际关系变得越来越糟糕。

而沉默是一种大智慧，真正有内涵和城府的人，不会轻易开口“显摆”自己。他们懂得倾听、忍让别人，有广阔的胸襟，能接受他人的不同意见，而且说服别人，也不是一件容易的事情。在说服对方的这个过程中，我们自己也会遭受来自对方的攻击、怀疑和拒绝。既然改变别人不容易，那就停止与别人的争辩。能言善辩不可怕，可怕的是，有些直性子的人养成了能言善辩的习惯，而这种习惯会带来一系列的负面效应。如果有一天，真的需要辩论了，那些已经把能言善辩当成习惯的直性子们，还是先做到“持之有故，辩之有理”再开口吧。

聪明人，不争眼前一口气

性格直爽的人，大多比较急躁，遇到事情，不能理智，更不能冷静。而人在失去理智的情况下，是无法处理好事情的，所以说好汉还是要吃眼前亏的。

王尧是一名出租车司机，他经常在机场拉客人。

一天，王尧拉了一名客人去郊区，把客人送到地点后，回来的路上他把车停在路边，上了一趟厕所。但就在王尧准备发动车走人的时候，却被一辆大货车撞了车屁股。王尧是个急脾气，性子又直，他立马下车，查看了破坏程度后，准备跟他们理论。

这时，大货车上也下来了几个人，一个个人高马大，看上去还有些凶恶。而事实也证明，他们不是什么好人。

王尧叽里呱啦一通说：“你们怎么开的车？都把我的车撞成这样了。你们得赔偿我修车的钱。还有，我……”

王尧的话还没说完，一位壮汉凶巴巴地开口了：“是你的车停的位置不对，不是我们的错。你最好别找事，你可是一个人。”

听了这话，王尧一肚子的火，正想反驳，又忍住了。眼下这情况，明显“敌我实力不均”，还是吃个眼前亏吧，他想。

王尧强迫自己把火气咽了下去，开车走了。

人们常说：“好汉不吃眼前亏。”遇到王尧这样的事情，一味地较真只能让自己受伤。这年头，为了避免不必要的麻烦和损失，好汉还是要吃眼前亏的。能屈能伸才是大丈夫。日常生活中，一些直性子的人碰到眼前亏，为了“面子”和“尊严”或者“正义”与“道德”，会与对方争论，甚至产生肢体冲突。结果常常是两败俱伤。所以不吃眼前亏，盲目地硬碰硬，只能让自己受伤害。

好汉要吃眼前亏，并不是说，我们要逆来顺受，甘愿被他人压迫，被他人欺凌。而是在遇到对我们不利的环境，而我们又暂时没有办法去解决问题的时候，采取的一种自我保护手段。每个人都会碰到不如意的事情，包容一些，想开点，也就过去了。与人交往的时候，如果能放弃一些眼前利益，长远来看，不但有助于我们拓展人脉，而且还能获得他人的信任与好感。所谓“小不忍则乱大谋”，说的就是这个道理。

并且待人处事，吃得眼前亏，是一种高明的生存智慧。事实也证明：只有敢于吃眼前亏的人，才是真正的好汉。因为善于吃眼前亏，敢于吃眼前亏的人，才有机会成为人生的大赢家。

如果这个社会中的每一个人，都因为自己的利益而不吃眼前亏，那我们的生活就会变得非常糟糕。假设我们遭遇了穷凶极恶的歹徒，坚持不吃眼前亏，就会让自己陷入危险境地，所以说人还是要吃眼前亏的。不要因为性格直爽，容易冲动，就不管不顾地冲上去与人争论。毕竟，能解决问题的方式不止一种。

《史记·淮阴侯列传》中记载了韩信胯下受辱的故事。

韩信长得人高马大，并且总喜欢带着剑在街上走。但他家境贫寒，从小失去了双亲，所以总是有人嘲笑他，欺负他。

一次，韩信又在街上走。一个年轻的屠夫叫住他，并轻蔑地说道：“你虽然高大，还带着剑，但你也就是装装样子而已。如果你胆大，今天就刺我一剑。如果不敢，就从我胯下钻过去。”

韩信盯着他看了一会儿，最终，从他的胯下钻了过去。而屠夫还一直大声地讥笑着韩信，韩信却不为所动。

后来，韩信加入了刘邦的军队，并成了中国历史上杰出的军事家。他与萧何、张良并列成了汉初三杰。

故事中的韩信被屠夫欺负的时候，不但吃了眼前的亏，还忍受了胯下之辱，后来却成了人人钦佩的将军。假如韩信与屠夫以命相搏，可能会免受侮辱，但可能会受重伤，或者丢掉自己的性命。所以只有敢于吃眼前亏的人才是好汉。当然，眼前亏，指的是在不违背道德、原则的情况下所做的退让。只要不是为了原则性问题吃亏，日常小事上，吃些亏也无妨。

吃得眼前亏是一种有气度的表现。如今，只占便宜不吃亏的人越来越多。这其实是一种不理智的现象。谁也不想吃亏，就会因为一些鸡毛蒜皮的小事争吵不休。并且还让自己烦不胜烦，得不偿失。世界上不存在永远不吃亏的人，也没有谁可以一直占别人的便宜。但多点包容，既可以赢得别人的尊敬，获得他人的信任，又可以为自己的成功打下基础，何乐而不为呢。一个有修养的人，不会因为眼前的一些既得利益，而放弃品德。海纳百川、有容乃大，宽宏大量的人，总能得到更多。

被人揭短，调整心态为上策

有这样一个人：他忌讳自己头上的癞疮疤，又认为他人“还不配”有呢；被别人打败了，他心里就想：“我总算被儿子打了，现在的世界真不像样……”于是他胜利了。

乔阿姨是一名残疾人，走路有些不便，因此不太好找工作。后来，社区帮她在一家事业单位找到一份保洁员的工作。

一天，乔阿姨在走廊遇见了一个来办事的男人。男人看到乔阿姨的手不太灵活，就跟旁边的同事说道：“这里居然有残疾人，这家单位可是很难进来的。”

男人的声音不大不小，正好被乔阿姨听到了。同样听到这句话的人，还有单位的人事专员晓静。

男人走后，晓静还很生气，她对乔阿姨说：“他这样的人，真是可恶。我要告诉领导。乔阿姨，你别放在心上。”

乔阿姨笑了笑，“丫头，我年轻的时候，是个心直口快的人。那时候，谁要是揭我短处，我一准上去骂人。可我现在上年纪了，很多事情就想开了。

也不是什么大事，想开点就好。别人说什么是他的事情，我做好自己的事情就好了。要总是生这种犯不着的气，那我就没法干活喽。”

阿Q是鲁迅先生《阿Q正传》中的主人公，他身份低微，家境穷寒，没有赖以为生的工作，靠给别人做短工养活自己。因此那些比他过得好的人，总是欺负他，揭他短处。可是阿Q并不会恼羞成怒，他总是能平静地面对。这是因为阿Q会精神胜利法，被称为阿Q精神。

那么，阿Q精神是什么呢？比如，乔阿姨被人揭了短处，就安慰自己："没必要为此生气。"也就是说，阿Q精神就是让自己想开些，不会因为他人揭了自己的短处就闷闷不乐，甚至郁郁寡欢。本质上看，阿Q精神是学会给自己减压，不让别人的只言片语在自己心理上产生压力。

生活中，一些性格比较直接的人，如果被人揭了短处，瞬间就会恼羞成怒，严重的情况下，甚至会与对方发生肢体冲突。最后的结果，只能是两败俱伤。而那些迫于某些原因，不能发脾气的人，也会因为被人揭短而闷闷不乐，而这种不愉快的情绪堆积在心里久了，就会生病。诚然，被人揭了短处，尤其是当众揭短，又羞又愧是很正常的。与人争执并没有什么积极意义。与其如此，还不如调整自己的心态。唤醒自我的阿Q精神，消灭心理压力。

每个人都有不完美的地方，正视自己的短处，就能更好地面对它，学会自嘲，其实是一种自我减压的有效方法。当然，自嘲是心甘情愿的，不是为了迎合某些环境。别人要说什么，我们无法控制，唯一能做的，就是不让自己因为这些言论而失去自我。

周政是一家家具公司的厂长，某次吃早饭的时候，妻子在家人面前揭了他的短处，他生气地扔下碗筷，没吃完早饭就去上班了。

临走前，妻子一直道歉，说："我只是跟你开个玩笑，不要生气啦。"

而周政面无表情地回了句："嗯。"

从家出来后，周政直接去了客户的公司。与新客户洽谈的时候，在家具的细节问题上，双方有些不同意见。周政是个直性子，心情不好，就懒得与对方纠缠，当即就气冲冲地回去了。

等待心情平复后，周政有些后悔，想着与妻子生气，其实不应该，还白白损失了一个客户。转念想到，那公司里的职员有时候也会被上级"调侃"，他们被同事或者上级揭了短处，又不能对上级发脾气。那么，不快的情绪堆积在心里，势必会影响员工的工作效率。那么，该如何解决这个问题呢？

忽然，周政看到了桌上那本《阿Q正传》，有了办法。"可以设置一个'出气室'，设置一些可以打的玩偶，让员工们去发泄不良情绪。"

周政的想法很快就被付诸实践了。后来他发现，公司的业绩确实提高了。

出气室其实就是灵活运用了阿Q精神胜利法的实践。员工们通过击打玩偶来表达自己的愤懑，他们将玩偶想象成揭自己短处的上级或者同事，发泄过后，心情就会变好，就能心情愉悦地开始工作了。“阿Q精神”对情绪失控的人来说，是一剂良药。直性子的人被人揭了短处，运用了阿Q精神胜利法，就能使自己得到安慰，不至于因为这些事情而与人发生摩擦。

我们没有能力改变别人，但是我们可以改变自己的心情，改变自己对事情的态度。阿Q的精神胜利法，对生活在快节奏社会中的人来说，不失为一种调整心态、排解不良情绪的好方法。

每个人都会遇到被人揭短的时候，性格直接的人，大多会直接反驳，你说一句，对方回一句。一言不合，就会演变成肢体冲突。这样不仅很不理智，还会给其他人留下心胸狭窄、善斗的印象，得不偿失。

那么，遇到别人揭短，性格直接的我们该怎么办呢？

首先，切忌“以牙还牙”。被人揭了短处，最好是大方地一笑而过，因为越是在意这件事情，就会越难受。或者不理睬对方的言论，没有人接话，他们也会自觉无趣，也不会再继续下去了。毕竟，每个人都是不完美的，谁也不喜欢被人揭短。

其次，试着转移对方的话题，制止对方继续说下去。被人揭了短处，不要急着生气，先冷静下来，换个话题。如果感觉有些尴尬，暂时想不到其他的话题，可以喝杯茶，不接对方的话，或者用冷漠的眼光来制止对方继续揭短。你不去接他抛出来的话题，他自然也就觉得无趣，相反，你越是跟他争辩，或者生气，他就越是要刺激你。

最后，想开些，宽容才是最重要的。有时候，别人只是想开个玩笑，或者即兴想到的话题，并不是刻意地想揭你的短，或者故意地冒犯你。多把他人往好的方面想。退一步讲，如果对方真的是怀有恶意而揭你的短，那就想开点，用良好的心态来面对它。毕竟，大部分的人还是喜欢跟大度的人交往的，那些总是喜欢揭别人短处的人，迟早会被疏远。

与人交往，迁就一下又何妨

“千里修书只为墙，让他三尺又何妨？万里长城今犹在，不见当年秦始皇。”

傅以渐，清朝的首位状元，曾经做过康熙帝的老师，官拜宰相。幼年时，傅以渐家里很穷，但他身居高位后，并没有因为权势而改变自己的初心。他虽然耿直，经常直言进谏，但却从不因自己权势大，就盛气凌人。

康熙时期，傅以渐的家人修缮家庙的时候，因为宅基地的事情，与邻居发生了争执，于是两家人告到了官府。地方官知道这座家庙是朝廷重臣傅以渐家的，不敢妄自判案。

而傅以渐的家人则给他写了封信，信中写了事情的来龙去脉，然后让他给地方官施压，让判他们赢。

谁知道，傅以渐看完信后，回了一封信给他们，信中是这样写的："千里修书只为墙，让他三尺又何妨？万里长城今犹在，不见当年秦始皇。"

家人收到他的信后，马上退避了三尺，并向邻居道了歉。而邻居被感动了，也向后退了三尺。

后来，这条六尺宽的巷子被康熙帝赐名为"仁义胡同"。

傅以渐的后人多入仕为官，后来，成为当地的名门望族。

故事中的傅以渐出身贫穷，官拜宰相后，并没有自我膨胀，而是保持着谦和的态度。而他的子孙们，也秉承着家风，终成一代望族。与他人交往，想要维持和谐的关系，就要懂得互相迁就，这样才能让这段关系保持平衡。如果双方中的一方，过度迁就，而另一方却咄咄逼人，那么这段关系终究会分崩离析。

在不违背社会准则和道德的情况下，迁就、忍让一下别人，并不是什么难以做到的事情。迁是退让，也是宽容。那些一丁点都不愿意迁就别人的人，其实是不明智的。

人与人的交往，没有那么多门道，无非就是你迁就我一些，我迁就你一些。把眼界放宽些，就能多包容别人一点。眼界放宽了，就不会那么斤斤计较了。

如果每个人都始终坚持自己的观点与做人的原则，觉得别人都是不对的，那人与人之间的关系就会变得非常糟糕。有些人喜欢喊口号，说自己就是性子直，就是要表达自己的观点，这才是真实的人。可是你在坚持自己的同时，是否想过，坚持自我观点的意义是什么？这些人总是希望别人能迁就自己，却没想过去迁就别人。

社交能给我们带来机会，也就是所谓的人脉关系，谁也不知道，能助你实现梦想的人是谁。有时候，人际关系可能就是你人生发展的基石。你的交往方式变了，那么你的人生也会跟着变化。因此与人交往的时候，多迁就一下别人，也许你的机会就来了。

张晨换了新工作，并在新公司附近找到一间很不错的房子。确定了主卧窗户大，光线通透后，直性子的张晨立马要跟房东签合同。完事后，付给了房东三个月的租金，然后就兴冲冲地准备搬家了。

搬家那天，他发现，次卧租给了一位画家。他没在意，准备将自己的东西搬进去。

这时，画家走了过来，说道：“小伙子，主卧能不能让给我住？我画画，需要很好的光线。可是我来的时候，主卧已经被租出去了。”

张晨不想和他换房间，刚想开口拒绝。这时，他的手机响了。来电显示，是家里打来的。

“妈，有事吗？我正搬家呢。”张晨说道。

“儿子，你爸今儿出院了。你别担心了。”张妈妈的声音很开心。

“那我就放心了。妈，我先不说了。晚上给你打。”张晨也很开心。

挂了电话，心情好的张晨同意了画家的请求。他想着，迁就一下别人算了，反正也不是什么大事。

几个月后，画家跟张晨说：“我要搬走了，你跟我一起去那里吧。”原来，画家的朋友要移民了，留下了一间房子。朋友让画家住在那里，并拜托他照看房子。于是，张晨就免费住进了四室一厅的大房子。

后来，画家还给张晨介绍了一份很不错的工作，而张晨的生活也变得越来越好了。他从来没有想到，当初的那点迁就，能“换”来这么大的好事。

无论是与家庭成员、同事还是朋友相处，我们都要学会迁就他们。个人做到了包容，家庭关系、同事关系、朋友关系才能和谐，团体才能越来越好。人与人之间，做到了迁就，彼此间的很多矛盾也就自然而然地化解了。尤其是与最亲密的人。比如，父母、爱人、朋友。

一个人如果都不会迁就别人，那还怎么与别人相处呢？与人相处，首先，要将自己的心沉淀下来，学会包容他人。如果这点都做不到，那如何能拥有前途光明的事业、美满的家庭。即使是最亲密的爱人，也需要讲究迁就之道。

一个善于迁就别人的人，总会在团体中发光。而这种光芒会照耀身边的每一个人，每个人也会被他的这种行为所影响。所谓“一家让，而后一国兴让”，就是这个道理。所以迁就别人一些，并不会对自己有什么影响。

而迁就之道，其实很简单。就是把自己的心态调整好，多从大的格局想问题，不要拘泥于自己的小世界。很多事情最后的结果，其实，都是由想法决定的。

不是每个人，都是“自来熟”

人与人之间的交往是循序渐进的，在关系没有变得亲近之前，千万不要侵犯别人的私人领域。尤其是心理上的，如果因此被人指责，莫生气，装装糊涂好了。

某次在公司的年会上，朱珠认识了一个新朋友张铎，对方看起来很有风度。

于是，两人选了一处相对安静的角落，坐了下来。朱珠本来对张铎的印象还不错，但聊了一会儿，就感觉很不舒服。

张铎看起来很有修养，但说出来的话，实在是过分的“自来熟”。

刚坐下，他就对朱珠说：“朱珠，你的皮肤这么黑，怎么会选这条裙子。”

说完，还用胳膊撞了一下朱珠。

朱珠不知道该说什么，对这么“自来熟”的人，她实在无法应对。

见朱珠没说话，他又说：“朱珠，我性子直，你别介意哈。其实，我觉得你今天的发型有些丑，还不如不做呢。”

朱珠发现，自己生气了。刚刚认识，就这么说别人，着实有些过分。她说道：“抱歉，我们没这么熟。另外，我非常介意你的话。你这么自来熟，没几个朋友吧。”

听了她的话，张铎竟然生气了，想说什么。

朱珠没等他开口，接着说道：“如果生气，你也应该装装糊涂，息事宁人。毕竟，我不是自来熟。”

故事中的张铎是一个典型的“自来熟型”的直性子。日常生活中，有不少这样的人。他们不管对方是不是刚认识的，就什么都敢说，直言对方这个不好，那个差劲。一旦被对方指责，就怒不可遏。这个时候，他们不但不自我检讨还对别人斤斤计较。毕竟，不是每个人都是“自来熟”。

有些人性格直接，喜欢直言不讳。但是并不是每个人都能接受你的“自来熟”。与人相交，说话、做事都应该讲究分寸。尤其是初次认识的朋友，交谈时要适可而止。

而性格直的人，更要懂得分寸。没有分寸感的人，与人交谈的时候，滔滔不绝从不顾及对方的感受。在这种情况下，局面就会变得尴尬。甚至会因为一些鸡毛蒜皮的小事，双方还会发生严重的争执。最后只能是不欢而散。本来可以变成好朋友的人，可能就因为你某一句很过分的话，而与你分道扬镳。做一个有分寸的人吧，只要掌握了分寸，直性子之人心直口快的“自来熟”还是很受大家欢迎的。

茵茵所在的单位属于国家级的科研单位，大家的性格大多比较内敛。最近，从别的单位调来了一位研究员，叫严正，喜欢跟人装“自来熟”。

刚到单位没几天，严正就好像跟所有人都混熟了。见谁都要拍一下肩膀，然后说人家这个，说人家那个。还经常吐槽谁家的房子小，谁家孩子上的学校不好等。

不仅是茵茵，其他的同事也不太喜欢严正。但严正却好像感觉不出来，还是到处打听说这个说那个，也喜欢跟人说自己的事情。

终于，有人对严正忍无可忍了。

忍不住和他吵了起来，因为严正总是说单位一女同事的衣服这里不好，那里不好，还要跑去跟别人说。

女同事说道：“我跟你不熟，好吗？你总是这么‘自来熟’，很让人讨厌。”

听了女同事的话，严正也生气了，说道：“我那是把你当自己人，才跟你说的。”严正的话颇有一种不识好人心的感觉。

见状，茵茵上前，劝告严正：“是你先装‘自来熟’的，这里的人都很讨厌你这种装‘自来熟’的。既然是你错在先，就放宽心，装装糊涂，别跟人家吵了。”

听了茵茵的话，严正有些心虚地闭上了嘴。

大部分人都不喜欢装“自来熟”的人。甚至有些人认为，这样的人不能深交。因为他们性子直，说话没分寸，利用“自来熟”的方式，随意跨越别人的安全距离，这其实是错误的。不管身体还是心理上，安全距离对每一个人都是非常重要的。在没有得到对方允许的情况下，窥探别人的隐私，直言别人的痛处，是一种非常糟糕的行为。再好的朋友，再亲近的人，都应该尊重彼此的隐私。

时时纠结，不如宽容一世

遇到事情，别过分较真，否则只能让自己很痛苦。有时候，糊涂一些也许是件好事。

周五晚上，雷军很早就下班了，到了公交车站后，他看见有好多人在等673路公交车。于是，他也加入了等公交车的大军中。

大概半个小时后，来了一辆673路公交车。雷军看了一下排队的人，感觉自己应该可以坐上座位。

随着队伍一点点地往前走，雷军也往前移动。谁知，快到他上车时，却被一个年轻男子插了队。

雷军是个直脾气，见状，他气冲冲地对年轻男子说道："嘿，你插队不对，后边排队去。"

可年轻男子却不理睬他，继续往前移动。见状雷军更生气了，直接把他踢了出去。年轻男子哪受得了这样的"待遇"，爬起来，就与雷军厮打了起来。年轻男子打不过他，于是就报了警。

最后，雷军没上去公交车，却被带进了派出所。

故事中的雷军如果不那么较真，也许就不会发生后来的事情了。虽然插队是一种不好的行为，但生活中总会有这样的人出现。如果类似的事情都较真，那么我们的日子还要不要过下去呢？凡事宽容些，就不会那么痛苦。而且解决问题时最好不要硬碰硬，否则受了伤就得不偿失了。

人生，总会有很多不顺心的事情。有些让人无奈，有些让人羞愤，而有些让人痛苦。对一些性子直爽的人来说，发生了类似"插队"这样的事情，不较真恐怕很难。但凡事都较真，那就很麻烦了。做人，还是宽容大度些，看淡点，就不会生那么多"闲气"了。

世界上没有谁是不犯错的，完美无缺的人不存在。既然谁都有缺点，就互相包容。与其为那些鸡毛蒜皮的小事较真，还不如省下时间和精力，全力以赴地去做有意义的事情。而宽宏大量，会让我们的人际关系变得越来越好。

韩东是一名大学老师，上完课后，正好是午饭时间。下午还有课，他也懒得回去吃饭了，打算去食堂解决午餐。

韩东怎么也没想到，自己会跟食堂的工作人员起了冲突。打饭的时候，韩东发现，自己的三两米饭，跟刚刚打了一两米饭的女生一样多。

于是直性子的他，立马就质问食堂的工作人员，“你这米饭不够数吧，这也太少了，跟一两差不多。”

可是食堂的工作人员却不承认自己的米饭打得不够，并且还一口咬定打给韩东的米饭是三两。于是，两人争执起来，并且声音越来越大，围观的人也越来越多。眼看着学生们都围了过来，韩东决定不吃饭了。因为他都被气饱了，还吃什么饭。虽说米饭花不了多少钱，但食堂工作人员的这种行为实在是让他生气。

下午第一节课刚上完，韩东就感觉饥肠辘辘。他苦笑了一下，心里想着：自己都是孩子的爸爸了，怎么还因为这么小的事情较真呢。看来脾气太直，是件坏事。这不，就尝到“苦果”了，现在好饿。

日常生活中，我们也会碰到类似的小事。比如，快递员不送货上门，而是打电话让人下楼去取。有些人的脾气比较暴躁，又是直性子，就会因为这种小事而大动肝火，甚至与快递员发生争执。其实互相体谅一下，也就不会有那么多麻烦了。

有的时候，为一些小事钻牛角尖不仅解决不了问题，还会让自己的情绪陷入死胡同里。所以想安然过好这一生，就要多装糊涂。尤其是对待胡搅蛮缠的“坏人”，更要装糊涂，因为这样的人自然有强者收拾，你做好自己就好。这世界本来就会发生很多看不顺眼的事情，既然无力改变，不如让自己想开些，太过纠结，损伤了身体就得不偿失了。

做事可以较真，但做人却不能太认真。太过认真，就会变得斤斤计较。经常带着睚眦必报的眼光去看人，就会忽略别人的优点，放大其缺点。因此我们要认真做事，糊涂做人。

一些不影响大局的事情，嬉笑着就过去了。“水至清则无鱼，人至察则无徒”。人际交往中要有肚量，懂得包容别人的人，才能左右逢源，诸事顺心。如果鸡毛蒜皮的小事都要较真，即使是最亲近的人，也忍受不了。而胸怀豁达，人生才会快乐。

第七章

给人台阶，自己也能拾级而上

给人面子，才能收获尊重

“即使别人犯了错，而我们是正确的，不顾及别人的颜面也是不对的。因为这样会伤及别人的尊严。”

李军大学毕业后进了现在的公司，从销售岗位做起，一步步升到了区域经理的位置。自从做了领导之后，李军就变了个人。

一次，部门助理小张工作上犯了些错误，李军知道后，不仅扣掉了小张小半个月的工资，还在其他职员的面前狠狠地批评了小张。

“虽然你犯的错误很小，但是作为一个工作了三年的员工，这么低级的错误也能犯，实在是太不专业了。”李军批评道。

小张是个脸皮薄的人，听了这些话，脸瞬间就红了。

李军接着说道：“以后工作上认真点，带着脑子干活。”说完，李军就回自己的办公室了。

被领导在这么多人面前责骂，小张的眼睛都

红了。

其他员工也有点看不过去，说道：“以前还挺欣赏他直爽的性格。这刚升上去，怎么就变成这样了。性子直的人果然是不太善解人意啊。”

“是啊，这都是开放式的工位，一个小姑娘，被那么骂，面子上实在是过不去。”另一个同事附和道。

在职场中，有些管理者性格比较直，在生气的时候，他们完全不顾及下属的面子，只顾着批评、责骂。特别是一些从初级岗位升到管理岗位的管理者，他们认为，既然是管理人员了，就必须“拿腔作调”，做一些证明自己身份的事情。比如，在众人面前严厉地批评自己的下属。但实际上这种行为不仅对自己的工作没有益处，还会伤害他人的尊严，最终阻碍了自己的晋升之路。而向他人表达自己的想法时，应当遵循一个原则：那就是顾及他人的面子，不给别人难堪。这是善良，也是做人的修养。

不管我们处在什么位置，在别人犯错的时候，都要顾及别人的面子，委婉地指出他人的不足。在纠正他人的错误时，尽量不要使用讽刺、挖苦、粗俗的语言。这会让对方感觉人格被侮辱，心里会很不舒服。

因为一些小的错误而践踏一个人的尊严，总有一天，自己也会遭受同样的待遇。即使不是纠正别人的错误，与他人正常交谈的时候，同样也要顾及对方的面子。不拆别人的台，不嘲笑别人，在争论时采用合理的方式表达自己的想法，是一个有教养的成年人应该掌握的谈话技巧，也是一个人具备的风度。

人们常说："人活脸，树活皮。"中国人尤其注重面子问题，上到七十岁的老人，下到三岁孩童，没有人不顾及自己的面子。爱面子，无可厚非。有些人很爱惜自己的面子，但是，在学习、工作的时候，却会忘记别人也是要面子的。每个人都有自己的底线，一旦面子被伤到了，他们可能就会做出过激的反应。更何况人与人之间是相互的，你不顾及别人的面子，别人又为什么要给你留面子呢？多说几句宽容、体谅的话，不仅可以减少对别人的伤害，还能为自己赢得好人缘，何乐而不为呢。待人处事，谨记：别让人下不了台。

张尧是一名公务员，在单位的人缘很好。单位的李大姐知道张尧还是单身，就张罗着给他介绍女朋友。

后来，通过李大姐，张尧认识了周一一，周一一的家境富裕，家里人很宠她，所以她性子很直，从来不顾及别人的想法。张尧想：被娇惯长大的女孩，本来就是这样的，反正她就是性格直接了一点，不过也没什么大问题。

不知不觉，两人已经交往了小半年。一天，张尧告诉周一一，周五要去火车站接自己的妹妹。

张尧的妹妹张玉今年刚考上大学，学校就在张尧的城市，她暑假来打工，是为给自己赚点生活费。毕竟，家里条件一般，她自己赚点钱也能给爸妈减轻些负担。

本来，张尧是要自己去接妹妹的。周一一说，她也想去。于是，两人一起去了火车站。接了妹妹，他们就去吃饭了。点完菜，三个人就开始闲聊。

张玉看到周一一的手腕上戴着一个很漂亮的手环，就说：“姐姐，你手上这个好漂亮啊。衬得你的手更好看了。”

周一一听了很开心，说道：“漂亮吧！这是卡地亚出的新款。”

张玉问道：“卡地亚是什么？”

周一一很惊讶，居然有人不知道卡地亚。“卡地亚你都不知道啊？也太落伍了吧？”

张玉的脸一下子就红了，不知道该说什么。

张尧生气了，但还是温和地说：“你这么说话，实在是有些过分。说话的时候，顾及一下别人的面子。如果我在其他人面前驳了你的面子，你肯定也不开心。”

听了张尧的话，周一一知道自己有点“口无遮拦”了，当即给张玉道了歉。

故事中的周一一家境良好，从小被娇惯着，性格直接，说话不太在意别人的感受。生活中有很多“周一一”，但并不是每个人都能像周一一那样，知道自己做得不对，就能拉下面子道歉。而无论是谁，都很在意自己是否被尊重。这种尊重，不仅体现在行为上，更体现在语言上。

我们勤奋学习，努力工作、赚钱，都是为了过上体面的生活。而所谓的体面，就是得到他人的尊重。无论谁，被驳了面子，都会不舒服。性格直爽不是问题，但性格中那些瑕疵，需要慢慢改掉。

面子看不见，摸不着，有些人会说，在乎面子的人是虚伪的。可是扪心自问，如果别人不顾及你的面子，对你使用语言暴力，你又是什么感受？每个人都希望被尊重，而伤害他人面子的行为却是不可取的。

不管你是身居庙堂之高，还是身处江湖之远，都千万记得：无论何时都要给别人留几分面子。懂得维护他人面子的人，才能得到更多的尊重和喜爱。

妥协不是怯懦，是一种智慧

人活在世上，有时候需要妥协。因为妥协不是怯懦，是一种智慧。

最近，大乔因为跟室友的矛盾，让她异常烦恼。她想不明白跟那么多人合租过，怎么就偏偏跟晓晓合不来呢？并且还总是吵架。

晓晓其实是一个很成熟稳重的人，但是就是太骄傲。只要是她看不惯的事情，就一定要说出来。大乔呢，最受不了的就是别人说自己。她的性子又直，被说了就不开心，吵架是必然的。

有一天半夜，两人因为厕所的卫生问题，又吵了起来。吵完之后，两人就开始冷战，还过了一个多月“谁也不理谁”的日子。

这天，因大乔工作表现出色，得了奖金，开心过后，想起跟晓晓冷战的事情。于是她买了一个大大的蛋糕回家，切好后放在了桌上。并写了张纸条，压在蛋糕盒下面。

纸条上写着：“我们和好吧。”

晓晓下班回来，看到桌子上的东西，笑了。她拿起一块蛋糕，敲开了大乔的房门，说：“大乔，我们和好吧。”

就这样，一场“旷日持久”的冷战结束了。

很难想象，如果大乔不妥协，这场冷战会如何发展下去，以后两人的日子又会变成什么样子。

每个人的性格不一样，因此相处的时候难免会磕磕碰碰。有时候，直性子的人因为不妥协，激化了矛盾，就会引发大的纠纷。

也许在那些不愿意妥协的直性子的人看来，妥协是示弱与屈服的表现。但是在日常生活中，我们总会面临一些需要让步的局面。情侣间出现了矛盾、同事间出现了工作纠纷、朋友间出现了意见相左的情况，最后都必须有一方要做出让步，问题才能顺利解决。

与人交往时，和谐友爱才是理想状态。但很多人却认为，如果妥协了，就是放弃了自己的尊严，让别人践踏了自己的面子。尤其是在自己正确的情况下，如果让步了，那就是认输，是丢面子。可是我们所遇到的事情，大多都是无关原则的小事，哪有那么多大是大非呢。在不涉及原则的情况下，做一些让步，不是软弱，是宰相肚里能撑船，并且这种大度与宽容会让我们得到更多温馨和美好。

在我们的工作和生活中有很多人、很多事，是值得我们去珍惜的。但因为我们一时的赌气，和不愿妥协而永远地失去了。当然妥协并不是毫无理由地让步，而是为了和谐。因为每个人都喜欢在愉快的氛围中交流。

吴若雨与老公的婚姻已经进入第七个年头了，这就要进入“七年之痒”的魔咒了。可是她预想的争吵并没有出现。虽然两人也会有一些小摩擦，但是他们跟以前一样恩爱。

所以他们的“七年之痒”好像跟别人的不太一样。

一次，吴若雨在厨房洗一个玻璃瓶，瓶口有些窄，不太好刷。老公进来看到了，说：“我来洗吧。”

吴若雨是个急脾气，越是洗不到就越是要较劲。“不，我要自己洗干净。”她拒绝老公的帮忙。

“老婆，我来吧，你去歇会。”老公还是想帮忙。

“哎呀，我都说了，我自己来，你又不懂。”吴若雨不管不顾就说了出来。

老公的脸色瞬间就变了，但没说什么。

等老公走了，吴若雨才想起来，刚才自己说话的口气好像有些重。她放下手里的活，敲开了卧室的门。

“老公，我错了，刚才不应该跟你大呼小叫。”吴若雨说道。

“你怎么跟我认错了？但听了你的道歉，我已经不生气了。”老公笑着说。

“夫妻间，不能总是你妥协，我也要学着妥协。这样我们才能在一起一辈子啊。”吴若雨说道。

一桩健康的婚姻一旦出现了矛盾，必然要有一方做出让步。否则，一个人生气了，另一个人会更生气，关系就很难维持下去了。美满的婚姻，取决于关系中的两个人是否成熟。故事中的女主人公，懂得妥协，知道换位思考，并站在对方的角度思考问题，从而成功地化解了夫妻间的矛盾。其实处理其他的关系，也是同样的道理。多体谅对方的难处，就能谅解他人。多点宽容，多点妥协，你会发现，这个世界变得温柔了。而自己的生活也变得更美好了。

当然，妥协的目的都是为了更和谐。而妥协也代表着一种态度，所以无论怎样，都要把生活过好，让自己更幸福。试想，一段关系中，双方起了争执，谁都不肯让步，生活又会变成什么样子？

有些时候，我们无法改变环境，只能试着去改变自己，这是生存策略，也是做人的智慧。适当地让步或者妥协，不但能促进人与人之间的和谐，同时还会让我们的生活变得更美好。

“善听者”，能成大事

能够辨别风向的船长才能使好舵，做人也是同样的道理。懂得察言观色，才能更好地了解别人的想法。

乍一看，白阳是个特别不错的人，性格直爽，工作勤奋。但是他的人缘并不是很好。很多时候，他根本意识不到自己的话对别人的影响。

同事刘畅买了条新裙子，大家都夸漂亮，只有白阳说：“你这条裙子是红色的。你皮肤不白，不适合你。”他只顾说没有发现刘畅已经很生气了。

同事小顾分期付款买了最新款的 Apple MacBook，一起吃饭的时候，小顾跟大家分享这件事。有人说，小顾有魄力，如果是他们肯定下不了决心去买。有人询问首付的价格，有的人问 Apple MacBook 性能怎么样。见状，白阳却说：“你有付首付的钱还不如买个其他品牌的超薄本呢，现在还得背着债。”听了他的话，小顾很生气，白阳却没有意识到。

实习生小敏要坐长途火车去武汉看男朋友。大家都说，小敏好幸福。白阳又开始唱反调了，他说："如果我是你男朋友，不是来看你，就是给你买飞机票。你坐那么久的火车，多辛苦啊。"他的话让小敏本来含笑着的双眼一下子黯淡了。而白阳并没有意识到，随意地否定别人的幸福，是一件很糟糕的事情。

故事中的白阳总认为，自己是直言不讳。可他却不知道，他的这种行为很"愚蠢"，也很讨人厌。诚然事事恭维别人很虚伪。但总是直言别人的痛处更让人讨厌。待人处事，不会或者不屑于察言观色，其实是一件很糟糕的事情。

察言观色是我们与人交往的重要技能，与个人的情商有着密切的关系。总是心里想什么就说什么，别人不会认为你是性格直爽，只会认为你情商低。某种程度上，擅长察言观色的人，能敏锐地感知他人的情感及其心理状态的变化，事实上他们的能力也强于不谙此道的人。因为他们能够准确地捕捉他人的心理状态，并且做出合理的反应，所以他们与他人交往时容易获得良好的人际关系。

心理学上有一个词语，叫"侧写"。就是通过一个人的表情、动作，来判断他的想法。这种方法曾经帮助公安系统破获了很多重要的案件。可见察言观色，是件多么重要的事情。

对人际交往能力差，性格又直爽的人来说，察言观色是一大利器，它能改善不和谐的人际关系。而在日常生活中，对别人的行为、语言、表情或者一些不经意的小动作有着比较敏锐的观察，就能迅速地了解对方的想法，并避免尴尬或者令对方不开心。

明朝的时候，一位读书人经过三科考试，最终进入了山东某县县令的候选。

去拜访上司的时候，读书人有些局促，不知道该说些什么。

忽然他好像想到了什么。抬头问道："大人尊姓?"

上司有些奇怪，但还是回答道："姓某。"

问完之后，他又不知道该说什么了，低着头想了一会，说道："大人的姓，百家姓里好像没有。"

上司有些气恼，来拜访上级，居然不先打听一下他的状况。上司面上有些愠怒，但还是回答道："我是旗人。"

可他却没有看到上司的表情，而是将心里的想法一股脑儿说了出来。"您是哪一旗的人呢?"听了他的话，上司不耐烦地回答："正红旗。"

见状，他来了劲，说道："正黄旗是最尊贵的，您怎么不是正黄旗呢。"

他的这句话让上司非常生气，说道："那你是广西的人，当然在广西最好，又为什么到山东来任职呢。"说完，上司拂袖而去，留下他在原地傻了眼。

后来，他被免了职，回家乡做了一名教书匠。

每当有人问起他被罢官的事情，他总是会说，是自己心直口快，得罪了上级。但事实上，是他不懂得察言观色。

故事中在上司口气不好的时候，读书人就应该意识到：上司不开心了。可他偏偏不懂得察言观色，硬是丢掉了好不容易得来的官位。在人际交往中，懂得察言观色，随机应变，是一种高超的本领。可是总有些人认为这是不足挂齿的行为。而事实上，那些不屑于察言观色的人，日子过得并不惬意。

人际交往是一门很深的学问，察言观色则是入门的技巧，掌握了这项技能，就能在复杂的人际交往中游刃有余了。

那么，直性子的人怎样才能学会察言观色呢？

首先，要调整好自己的心态。想要学会察言观色，就必须调整好自己的心态，让自己变得稳重起来。每个人说话、做事，都是心理状态的外在表现。当听别人说话的时候，想想对方为什么要说这句话，他的立场是怎样的？而他说这句话的起因又是什么？最后，结合对方的性格，判断自己该做出什么样的反应。但直性子的人很少会想到这些，这是心态的问题。只要有耐心就能学会察言观色。

其次，要用心倾听对方的话。语言，是最能直接反映对方心里想法的工具。一个人的表情、行为、动作，都是辅助其表达情绪、想法的方式。只有用心了，你才能感受到对方的情绪变化，才能在交谈中，说出让人如沐春风的话。

最后，不要在别人表达的时候先开口，这样也许会给自己造成不必要的麻烦。所谓“言多必失”说的就是这个道理。

与人交往时，也不要太过拘束，太过紧张反而会露拙。耳朵多听，眼睛多看，心里多想，等别人说完了，缓几秒钟再开口。而多数情况下，那些脱口而出的话，往往让他人很不愉快。所以即使你是个直性子，也要学会察言观色。

要想办成事，应酬少不了

中国是个人情社会，讲究面子问题。而一个人要想办成事，必要的应酬是少不了的。

石磊是个直肠子的人，不喜欢的事情就直接拒绝。他工作认真，为人诚恳，性子虽然直了一点，却并没有引起同事的反感。

最近，石磊想竞争一下公司部门经理的职位。他想自己工龄也够了，工作又勤奋，升上去的可能性很大。于是他就更加认真地工作。

几个星期后，部门经理的人选公布了，是王宣而不是他。石磊有些沮丧。

石磊觉得自己的能力要比王宣强，他想知道自己为什么落选，于是就去找总经理。总经理对石磊说："你的能力强，我知道。但是部门经理不仅仅需要能力强，还需要参加一些必要的应酬。毕竟作为部门的管理者。能力是否强，只是候选者的评选标准之一。你总是缺席各种活动，我很担心，你是否能处理好上司以及下属间的关系，能顺利地与客户洽谈好订单。”

总经理的话让石磊知道自己的问题出在哪里，他总觉得，应酬只是在浪费时间，与工作毫无关系。现在看来，是他想得太简单了。

作为职场人士，参加各种应酬是不可避免的。故事中的石磊总认为，这些应酬没什么意义，自己又不喜欢。但实际上，应酬是一门很深的学问，需要个人有较高的综合素质。那些能在觥筹交错的环境下，游刃有余的人，往往会成为活动上的焦点，会让众人对他产生深刻的印象。而在这种情况下，要想办成一件事情，就非常容易了。比如，在同一个行业内，巨头后面的三四家企业的实力都相差无几。在实力不是很悬殊的情况下，管理者会选择自己喜欢的企业并与之合作。即使是个人，也会对自己喜欢的人有私心，在他有困难的情况下，也会伸出援手。

所以对中国人来说，应酬是必不可少的活动。不管是生意洽谈，还是家庭聚餐，应酬都是解决问题的重要场所。家庭聚会不仅能品尝到美食，还能加强亲人间感情的交流；同事间经常一起吃饭、玩耍，可以增进彼此的感情，工作也会更顺心；与生意伙伴在餐桌上高谈阔论，有助于合作的达成。这就是为什么许多人喜欢在餐桌上做出重要决定。既然大环境如此，而我们自己又无力改变，那就要努力地去适应它，并且做到最好。

除此之外，应酬对很多人来说，还是一件很有乐趣的事情。在与各种各样的人交往时，既看到了新鲜的事物，也增长了见识。

孙坚是一个在职场中混迹了五年的老油条，可是，已经工作五年了，他的职业生涯还是没有什么起色。孙坚也很苦恼，看着一起毕业得同学的职位“蹭蹭蹭”地升，他心里很不是滋味，但是总也找不到问题根源所在。

在仔细想过后，孙坚打算辞职。于是，他就给领导发了辞职邮件，询问辞职的具体事宜。他想换个环境。

知道了孙坚想辞职，领导发了微信问他：“为什么想辞职？”

孙坚直言道：“想换个环境，感觉没有什么晋升的可能。”

领导回复他：“你有没有想过，为什么升不上去？”

孙坚说道：“不知道，所以我才打算辞职。”

领导回他：“公司组织的一些聚会，你总是能避就避，同事关系也就没那么好。而你自己又不喜欢应酬客户，做的工作自然也就无法给公司带来大的经济利益。一个管理者，要运筹帷幄，能处理好各种人际关系；能力出众，能为公司创造直接的经济价值。”

孙坚一直以为自己能力还可以，看了领导回复的消息，才明白，在他看来不重要的应酬，原来是那么重要。

领导跟他说：“你也工作五年了，该学着去参加一些必要的应酬了。即使是我，求人办事的时候，也得出去应酬。你还是得多学啊。”

应酬指的是为了实现某些目的，去做一些自己不愿意做，但又必须做的事情，而这些事情大多与我们有着间接或者直接的利益关系。

应酬是一门复杂的学问，因为参加应酬的人需要把握好活动中说话的时机，熟悉餐桌上的规矩，这一点非常重要。不同的人有不同的习惯，有时候，一个小小的错误就可能毁掉一个合作的机会。而能在应酬中闪耀的人，大都具备了丰富的经验、敏锐的观察力和优秀的学习能力。因此应酬这种事情，还是需要多锻炼。

而有些直性子的人，碰到应酬就会躲避，他们认为应酬做的都是表面文章，不仅虚伪而且毫无意义。其实在应酬中我们能解决很多问题，而且在应酬的过程中，我们会自然而然地放下戒备，在轻松的环境中，呈现出一个人最真实的状态。比如，有些管理者，开会的时候严肃认真，让人望而生畏。但是一到应酬的场合就谈笑风生，让人感觉变了个人一样。因此在这种轻松的环境中，很多想办的事情自然而然就办成了。

此外，应酬也是最容易拉近人们心理距离的方式。

做人不能奸诈，但可“世故”一点

“世事洞明皆学问，人情练达即文章。”这是一句很多成功人士耳熟能详并认真践行的谚语。

每到周五，王雨所在的公司总会分发一些包装精致的小蛋糕给员工。王雨不喜欢吃蛋糕，所以每次发了小蛋糕，她都送给一起工作的同事钱多多。

起初，钱多多很感谢她，“你真好，谢谢你啦！”并且钱多多是个直性子，心里有事憋不住。见一个人就说王雨送她小蛋糕的事情。

可是，时间久了，情况就变了。周五，公司又发了小蛋糕。王雨本来不喜欢吃蛋糕，但是忙了一天没吃东西，她想垫垫肚子，于是就把小蛋糕吃了。

钱多多回来的时候，看到自己桌子上只有一个小蛋糕，很不开心。

她走到王雨的工位上，问她：“今天的小蛋糕你怎么没给我？”

“啊？”王雨没想到钱多多会质问自己，有点蒙了。反应过来后，说道："那个蛋糕本来就是我自己的，我送给你，你该谢谢我。我不给你，也不需要向你解释啊。"

王雨的话让钱多多哑口无言。但她还是逢人就说王雨的不是。后来，两人的关系变得很僵。

故事中的钱多多已经忘记了，小蛋糕本来就是王雨的。她习惯了王雨的给予，就忘记了感恩。做人直爽是好事，但是一点人情世故都不懂，就像故事中的钱多多，没有收到王雨的小蛋糕还去质问王雨，这就不是一个心智成熟的成年人该做的事情。

有些人会说："我才不会那么虚伪，更不会曲意逢迎，我要做一个坦荡荡的直性子。"

而世故，指的是熟悉世俗人情，待人处事圆滑周到。这个词，其实并没有贬义的意思。相反，它强调的是为人处事的时候，应该照顾别人的感受。

而很多性格直率的人，并不懂得如何委婉地表达自己的想法。他们过度地崇拜"直言"，却忽视了这些话会给他人带来什么影响。其实，如果他们注意一下自己的言行，多懂一些人情世故，人生之路就会更顺畅一些。

凡是有所成就的人，无一例外都明白：人情世故是人生的一个重要课题。因为他们了解社会的本质，知道人际交往的准则，所以待人处事时大多都很善解人意。知道对方需要什么，并能更好地实现自己的目的。究其根本原因，是因为他们懂得人情世故。

某种程度上说，人情世故对一个人的成功有着很大的影响。做人太奸诈，会让他人误以为你很阴险。可是性格太直了，又会承受较大的生活风险，所以做人可以“世故”一点。

小优特别崇拜霍刚，她总觉得霍刚性格那么直率，见到不合理的事情都要指出来。就连他的博士生导师，做错了事情，他也会直言不讳。尽管如此却没有一个人说他不好，相反大家都很喜欢跟霍刚一起玩。反观自己，却总是跟室友处不好关系。小优是心直口快，但总是直言别人的缺点，本以为性格直的人都是这样的，可认识了霍刚后，她才知道，其实是自己有问题。

周末，小优约了霍刚去吃饭，她想向霍刚讨教一些做人的方法。

小优没有绕弯子，对霍刚直接说出了自己的困惑。

听了她的话，霍刚笑了，说道：“以我的观察，你其实是太直了。你应该学一点人情世故，做人嘛，世故一些也没什么，我们都是成年人了。”

小优说：“我不太明白你的意思。”她一直以为做人世故了，不太好。

霍刚说道：“说得简单点，世故就是多注意细节，要有礼貌，适度地夸奖别人，毕竟谁都喜欢听赞美的话，懂得与别人分享，不要‘吃独食’。其实，这只是一些做人的规则而已。”

霍刚的话让小优似乎有点明白了，霍刚性格直却有好人缘的原因了。反思自己，好像只是性格直了些，却不懂一点人情世故。

纵观历史上那些不懂人情世故的名臣们，最后都似乎落得了个被诛杀的下场。所以我们要得到自己想要的东西，就必须了解社会的生存法则，否则，就会撞得头破血流。

我们不仅要适应社会环境，还要学会人际交往的技巧。世故一些，懂得让事情有缓和的空间，这并不是扭捏，而是成熟。一些人会说，我性格就这么直，我能力也强，不需要学会人情世故。可是这样的人，真的活得很好吗？

那些鄙视人情世故的人，也许能生活得很好。但是同样起点的两种人，恐怕还是了解人情世故的人，能更快地实现自己的目标。而生活的本质就是你好我好大家好，做事认真，做人圆滑，其实并不是一件坏事。

勇于认错，心灵比面子更重要

意识到自己犯了错，就要主动承认错误，这是一件非常需要勇气的事情。但是年纪越大，我们就越是羞于承认自己错误。

苏浅的父亲秉承了严厉的教育方式，如果苏浅做错了事情，他非打即骂。因此父子俩的关系一直都很生疏。直到苏浅研究生毕业，参加工作几年了，父子间的关系还是一样的疏远。而且苏爸爸是一个非常好面子的人，即使知道有些事情是自己做错了，也不会轻易低头承认错误。苏浅的性格也跟父亲很像，女朋友总是说让他改改，他总是嘴上答应，过后还是原来的样子。

一次，两人因为一些事情吵架，并生气了好几天，而苏浅却拉不下脸去承认自己的错误。

苏浅的爸妈很喜欢他的女朋友，看两人似乎在生气。于是苏爸爸就给苏浅的女朋友打了个电话，"丫头，你是不是跟苏浅生气了？你别跟他计较，原谅他吧。"

听到是苏爸爸说话，苏浅的女朋友恭敬地说道："叔叔，这次他确实有些过分。苏浅是个直性子，有什么说什么，知道自己错了，那就说自己错了就好了。可他明知道自己错了，就是不承认。每次都是我生气了，他才勉强认错。"她知道自己不该跟老人家说这种事，但这次苏浅再不改，她真的走不下去了。

"他性子随我，你多担待点。丫头，我们都特别喜欢你。"苏爸爸说道。

故事中的苏浅继承了父亲的性格，性格直，好面子。即使知道自己犯了错误，也拉不下面子承认错误。确实，人的年纪越大，就越来越缺乏承认错误的勇气。很多的时候，很多人认错也并不是心甘情愿。而性格直的人，会更好面子，更放不下架子去承认自己的错误。那么，他们不能心甘情愿承认自己错误的原因是什么呢？

第一，面子问题。成年人阅历丰富，喜欢用自己丰富的人生经验来碾压其他人，但是假如别人比他们阅历更丰富，指出了他们的错误，面子被“踩”了，他们会开心吗？

第二，环境使然。这个世界上，心甘情愿承认自己不对的人，越来越少了。大家都羞于承认自己的错误，如果是你恐怕也很难做一个“异类”。

第三，责任风险。对成年人而言，自觉承认错误，就代表着要承担相应的责任。这种责任可能是失去工作，遭遇信任危机，或者是经济上的代价。如果不承认错误，就免了承担责任。即使被“强迫认罪”，承担的责任也会少很多。

大多数情况下，人们知道自己做错了，第一反应就是找借口，为自己开脱。不管这个理由多么牵强，只要有了借口，就会心安理得，甚至越想越觉得自己没做错。

但是作为一个成年人，知道自己做错了，并勇于承认自己的错误，才是正确的、有修养的行为。才会获得别人的敬重。

在加拿大，有一所非常知名的建筑院校，叫作加拿大工程学院。它之所以出名，是因为它勇于承认自己的“错误”。

1900年，魁北克大桥开始修建，横贯圣劳伦斯河。当时，负责修建大桥的主设计师是Theodore Cooper，他为了节省建造成本，擅自延长了大桥主跨的长度。可就在大桥即将竣工的时候，发生了严重的垮塌事故，并造成七十多人死亡，多人受伤。而事故的原因就是：Cooper在修改大桥的主跨长度时，忽略了桥梁的承重，桥梁主体因此而垮塌。

而Cooper的母校，加拿大工程学院，因为这一严重事故，声誉扫地。可是学校并没有掩饰、隐瞒这件事情，而是筹资买下了大桥的钢梁残骸，打造成了指环，取名“耻辱戒指”。每年的建筑毕业生，都会领到这样一枚戒指。

故事中加拿大工学院用特殊的“认罪”方式，为大家讲述了一场“知耻而后勇”的精彩哲理故事。人非圣贤，孰能无过。犯了错，并不可怕，可怕的是，明知道自己犯了错，还死活不承认，并试图掩饰自己的错误。

意识到自己犯了错，就要勇于承认自己的错误，这本来是顺理成章的事情。但是有些人总认为主动承认错误，有损自己的尊严，所以他们能逃避就逃避。甚至有人会硬着头皮不“认罪”，最后的结果只能是错上加错。即使有些人被逼着承认了错误，也会愤愤不平，好像他们认错是不应该的事情。

实际上，主动认错有助于消除彼此间的矛盾、恢复双方的感情。假如能正视自己的错误，心甘情愿地“认罪”，最终，人们只会忘记你所犯的错误，而记住你勇于认错的行为和态度。因为勇于认错是一种优秀的品质，而这种品质会给我们带来很多好处。所以放下所谓的面子，我们就能获得很多快乐。

善交际，但不能太势利

喜欢广交朋友是一件好事，但趋炎附势，带着势利的眼光来选择交往对象，却是不可取的。

由于工作的关系，菲菲接触到的人大都是外企的员工。一次聚会，菲菲认识了同样在外企工作的楚庄。菲菲虽然已经三十岁了，但是外表看着很年轻，像个二十岁刚出头的小姑娘。

那次聚会后，楚庄就一直在追求菲菲。因此菲菲的好友兼同事的小莉常常见到他。

可是，最近小莉却见不到楚庄的身影了。

中午一起吃饭的时候，小莉问菲菲："怎么不见那个楚庄在楼底下等你了？"

"他啊，原来追我也不是多诚心。无非是看我工资高，人又长得还行。那次，我跟他说起，我想辞职开个蛋糕店，他就立马不联系我了。"菲菲说道。

“啊！这么势利？没想到看着衣冠楚楚的楚庄，原来是这样的人。”小莉叹息道。

“而且他知道我的房子是租的之后，就更嫌弃我了。”菲菲说道。

“他不也是在这里租房子吗？一个受过现代教育的人，怎么这么势利啊。”小莉真是不知道该说楚庄什么好。

在生活中有很多楚庄这样的人，他们是“直性子”，只要发现你没有任何价值，就会立刻放弃与你结交。一次聚会，楚庄就能“喜欢”上菲菲，猛烈地追求她。这不得不说，楚庄也是很善于交际的，但是他的势利，让他找不到朋友。

社会是熟人间的社会，每个人的圈子都是固定的，即使认识了新的朋友，那也是一个圈子里的。假如为了利益才与他人交往，圈子里的人一传十，十传百，很快大家就都知道了，你是一个势利的人，就不会再与你交往了。

虽然人们的交际圈子已经扩展得非常广泛，但是人们还是会跟自己同一阶层的人交往。就好比，初中辍学的餐厅服务生，想跟名牌大学的博士生交往，如果没有特殊情况，那他们是很难做朋友的。

中国本来就是一个“熟人社会”，不管大环境如何改变，这个事实依旧如此。善于交际并没有什么错，但是过分势利就是一件糟糕的事情。

事实告诉我们，当你用势利的眼光去选择交往对象时，往往得不到自己想要的东西，甚至还会失去，可能是声誉，也可能是什么别的重要的东西。即使是势利的人，也不喜欢跟势利的人结交，既然自己都讨厌势利，就不要戴着有色眼镜去交际了。

从对方身上看不到对自己有利的东西就转身离开，这种行为不仅会被他人唾弃，还会令自己的处境变得越来越艰难。人之所以势利，无非就是想索取一些什么，让自己的生活变得更加美好。但实际上，这种指望别人改变自己生活的想法，其实并没有用。

戚薇薇刚嫁给翟俊的时候，翟俊还是个卖水果的小商贩。虽然日子辛苦，但两人相亲相爱，日子过得倒也幸福。

翟俊的嫂子是个非常势利的人，看翟俊没什么钱，所以平常也不与他们来往。

同住在一个小区，有时难免会碰到。戚薇薇总会跟嫂子打招呼，可是嫂子却一次又一次地假装没看到她。

翟俊看到妻子有些不开心，便哄道："你别太在意，嫂子就是这样的。"

戚薇薇知道她势利，不喜欢翟俊。可是毕竟是一家人，这样总是不太好。

一次，戚薇薇回去看婆婆，听到嫂子跟大哥说："哼，翟俊又没钱，我才不要跟他们多来往呢。以后又指望不上。"听到这么尖刻的话，戚薇薇忍不住有了跟嫂子吵架的冲动。在那之后，她再也没跟嫂子打过招呼。

后来，两人的小生意渐渐地有了起色，并开了一家卖水果的店铺，存折上也有了些钱。

嫂子的态度立刻变得不一样了。看到翟俊夫妻俩，总会笑着上前打招呼，并不时还会上门给他们送点东西。

“她变化这么大，没钱就理都不理，有钱了，就想交好。势利的人呐，真是善变。”戚薇薇跟翟俊说道。“人嘛，都有自己的想法。”翟俊说道。

翟俊的嫂子，是势利人的缩影。有时候，他们甚至可以放弃自己的尊严来争取想要的东西。结交朋友的时候以“对方是否能给自己带来利益”为前提。也许，他们最终能获得自己想要的东西，但是这种行为却会被别人所不耻，并失去做人的尊严。

有些人觉得，势利的人可能都是那些经济条件不好、能力比较弱的人，但实际上，那些比较富裕但却不到大富、能力稍强者则容易势利。而处于极端位置的人，则不会那么势利。比如，能力特别强的人和能力特别弱的人。能力特别强的人不需要去主动结交强者，就会有人主动来认识他们。而能力特别弱的人则会自卑，不会主动去结识比自己强的人。**也就是说，那些势利的人，大多都是比上不足比下有余的人。所以与人交往时，少一些势利，多一些真诚吧。**

第八章

生气不如争气，斗气不如斗志

一“念”天堂，一“念”地狱

人最重要的价值在于克制自己本能的冲动。

“您好，我是新街派出所的民警。靳东、齐言，您认识吗？他们刚刚寻衅滋事，您来一趟吧。”民警在电话中通知多多。

“好，我马上去。”放了电话，多多匆匆忙忙地赶去了派出所。

事情是这样的：晚上，靳东跟多多吵了架，心情不太好。于是他就约了同住在一个小区的齐言去喝酒。到了小酒馆，靳东要了不少酒，半瓶酒下肚，齐言就有点头晕。

“东子，少喝点，咱们一会还得回家呢。”齐言劝靳东。虽然这里离小区很近，走回去也就几分钟。但毕竟是晚上，喝太多了毕竟不好。

“你这样可不行，这才几点啊。来，再喝点。”说着，靳东就给齐言的杯子倒满了酒。

齐言不敢再喝，大晚上的，出现什么意外就不好了。他抬头看了一眼墙上挂着的钟表，时间不早了，他打算带靳东回家。当齐言起身，想拉他回去时。谁知道，靳东使劲甩开了他的手，齐言没站稳，碰到了邻桌的醉汉。

醉汉嘴里骂骂咧咧的，并摇晃着身子站了起来，齐言一直在道歉，可是，醉汉根本不吃这套。

靳东看到有人推搡齐言，不乐意了。齐言知道靳东的性子又直又急，怕他惹事，转身想拉他离开。

而醉汉误以为齐言怕自己，于是就更加肆无忌惮地推搡着齐言。忍无可忍的靳东抄起桌子上的酒瓶就砸向了醉汉的脑袋。

最后，酒馆老板报了警，醉汉被送去了医院，靳东和齐言被派出所拘留了。

性格太直的人，很容易冲动行事，而这种冲动可能会给他们的生活带来很多麻烦。故事中的靳东，就是一个生动的例子。而学会克制自己的冲动，用合理有效的方式去解决问题，这才是一个成熟的成年人应该做的事情。

而冲动有时会滋生出很多可怕的念头，并且这些可怕念头所造成的后果，我们根本无力承担。所谓一“念”天堂，一“念”地狱，就是这个道理。而在冲动的控制下，人们总会做出错误的决定，因此我们要控制好自己的性格。

冲动是魔鬼，直性子的人，一定要牢牢地记住这句话。知道自己脾气暴躁，容易冲动，就要纠正自己性格中的缺陷，跳出思维的怪圈；谨言慎行，才是正确的为人处事之道。

最近几年，随着金融投资越来越红火。看着别人都赚了钱，康诺也坐不住了。

于是他很快取了一部分存款，投到了股市，想先试试水。为了提高自己的炒股技巧，康诺还加了很多“高大上”的炒股群，在里面听大神们侃侃而谈。后来，他认识了某投资公司的分析师应天。

应天分析起股市头头是道，群里很多人都说，跟着应天买股票赚了钱。观察了一段时间后，康诺决定把钱交给应天，让他帮自己炒股。

两人见了面，谈好合同之后，康诺就把钱交给了应天，让他帮自己炒股。应天对康诺承诺，半年内让他赚到钱。康诺原以为，自己能赚点钱。谁知道，半年过后，钱不仅没赚到还赔了不少。家人劝康诺，股市有风险，千万别因为赔了钱而做出什么事情。因为家人也知道康诺是个直性子，如果赔了钱肯定要找应天麻烦的，所以很怕他情急之下做出让自己后悔的事情。

果然，康诺很生气，约了应天见面。

一见面，康诺就连珠炮似地质问应天：“你不是说让我赚钱吗？现在这不仅没赚，还赔了不少，你说，怎么办？”

应天自知不能强硬，就说道：“投资这种事情，本来就有风险。你再看看吧。”

康诺却不管这些，他怒气冲冲地说：“你把钱还给我，我不炒股了。”

应天说："炒股哪有让人还钱的道理啊。"

康诺本来心里就有气，这下被激怒了。见状就要动手，幸好被餐厅的服务员给拦住了。

故事中的康诺因为投资股票赔了钱，就要求对方补偿自己的损失。在对方拒绝的情况下，完全失去了理智，竟然想要打人。而股市本来就有风险，冲动也不能解决任何问题。只有冷静下来才能做出理智的判断，才能完善地处理好问题。

历史告诉我们，冲动害人又害己。想要成功，就必须学会克制冲动。而能容人者，才能成就大事。

直性子的人，要学着去改变自己。当然，先要从内心开始改变，让自己的内心变得强大起来，就能做到宠辱不惊。因为只有内心足够强大，就没有任何人可以打败你了。同时还要不断提高自身的修养，让自己变得宽容。这样做或许很难，但努力了，坚持了，终究会有结果。并且要把宽容待人作为自己的信仰。法国作家罗曼·罗兰曾说："居于一切力量之首，成为所有一切源泉的是信仰。而要生活下去就必须有信仰。"有了宽容待人的信仰，我们就不会因为一些生活中的小事而与他人发生摩擦，生活就会充满快乐。日子过得舒心了，又怎么能冲动得起来呢。

锱铢必较的人，烦恼自然多

聪明的人并不是一味地追求快乐，而是竭力地避免不快乐。

蓝梦是个直性子，喜欢帮助别人，做起事情来，总是风风火火的。但是她也会因为一些小事而抓狂。

一天，蓝梦把做好的报告，发给了销售部的助理小刘。

完成了工作之后，蓝梦就去吃午饭了。回来后，看到一封新邮件，是小刘发过来的。

小刘说报告中的数据有些是错误的，并且标红了，让蓝梦改正。

蓝梦打开了统计部助理小邓发过来的数据对比了一下，发现数据都对得上。

于是她拨通了内部电话，告诉小邓，这份报告是不是哪里有出入？

可是，两个小时过了小邓都没回信。蓝梦有些着急，再催，竟找不到小邓了。

蓝梦见状气不打一处来。她直接去找总经理，最后总算把事情解决了。

蓝梦的脾气，总经理看在眼里。他知道蓝梦是个好助理，就对她说："蓝梦，其实不必要因为这些小事生气。事情那么多，你哪顾得过来。而生气会伤身体。"

蓝梦知道总因为小事生气也不好，可是她也不知道该怎么办？毕竟，她的性格就是这样的。

像故事中蓝梦这样的人，在生活中比比皆是。他们会因为一些小事而抓狂，最后伤害的却是自己。直性子的人大多性格耿直，比较情绪化，他们常常将情绪写在自己的脸上。有时候因为一些小事，他们就会变得愤怒不已。如果恰好有人不小心撞到了枪口上，那就要倒霉了。但是被怒火"扫射"到的人是无辜的。如果对方恰巧也是个急脾气，说不定还会引发争吵甚至打斗。因为一件小事而引发了严重后果，是得不偿失的。

所以与其生气，还不如多想一想接下来自己该怎么做，才能挽回损失，这样既解决了问题，又化解了矛盾。

人活在世上，总会发生这样那样的事情。但事后想想，也不过如此。那些在当时看来"惊天动地"的大事，时过境迁再去看，其实也没什么大不了的。

而因为小事生气，我们就会忽视一些真正有意义的事情。我们努力学习，好好工作，都是为了让自己的生活变得更美好。如果经常因为一些小事而抓狂，那就背离了我们原本的追求。所以着眼于当下的快乐，努力改变未来，才是最重要的。

其实，拥有积极乐观的人生态度，一点也不难。只要你愿意为自己的理想努力，并改变自己的心态，让自己逐渐变得强大。那么，你就能拥有一颗豁达、乐观的心。而很多时候，我们所需要的，不是做事情的方法，而是一个好的心态。

秦雪是一个完美主义者，性格也很直爽。最近，她的工作出现了许多问题。

秦雪放弃了老家的工作，打算到北京发展。凭着多年的工作经验，她顺利进入了一家规模较大的私企。

刚开始，大家还挺喜欢秦雪。因为她工作认真，效率又高，为人直爽，一切都很好。可是几个月下来，大家发现，秦雪太讲究完美了，总会因为这样那样的小事而生气。她生气了，说话的语气就有些冲。

秦雪也发现了自己的问题，但她的性格一直是这样，一时半会还真的改不过来。毕竟在老家的时候，她是领导，说什么下面的人都会照做。可是，在这里，她只是一名普通的员工而已。

故事中的秦雪是一个追求完美的直性子，一些小细节达不到完美，她就生闷气，进而将这种情绪传播给周围的人。将心比心，如果有人经常因为小事抓狂，发脾气，我们也不愿意和这样的人交往。

生活中有很多不值得在意的小事，只要我们看开一点，就能以乐观积极的心态去面对了。退一步说，事情已经发生了，再怨天尤人又有什么意义呢？与其这样，还不如尽快地从这件小事中解脱出来，找回原本快乐的自己。

总之，别用“直性子”作为发泄不良情绪的借口。社会的节奏变得越来越快，每个人都有着不可言说的压力。要学会调整自己的心态，张弛有度，不随意发脾气，不给别人脸色看。毕竟，人生那么漫长，何必因为一些小事而不快乐呢。

心态好了，就不会被情绪牵着鼻子走

心态若改变，态度就会跟着改变；态度改变，习惯也就跟着改变；习惯改变，性格也会跟着改变；性格改变了，人生就会跟着改变。

最近，孟超总是一副无精打采的样子，整个人看起来很消沉。

朋友孙斌感觉孟超的状态不太好，就约了他一起吃饭。饭桌上，孟超似乎也没有食欲。

孙斌要了碗汤，递给了孟超，说道：“你看起来心事重重的，怎么了？”

孟超叹了口气，说道："你知道我这个人性子特别直，说话做事从来不会拐弯。而且脾气还特别大，受不了一点点委屈。就因为这些毛病，办事的时候总会遇到这样那样的麻烦。我很烦，可是又不知道该怎么办？"

听了孟超的话，孙斌劝解道："没关系，谁还没个脾气。别太在意别人的看法，努力做好自己就好。心态要好，不然会平添很多无谓的麻烦。"

孟超也知道孙斌说的对，可是心态这种事，哪是说调节好就能调节好的。

孙斌接着说道："你可以请个年假，出去旅游，放松一段时间，也许就会好很多。"

孟超点点头，打算试试。

人生在世，总会有人不喜欢你，有些人甚至毫无理由地讨厌你。如果总是因为别人的看法而否定自己，讨厌自己，那么我们的生活就会变得很糟糕。孟超的故事告诉我们，知道自身性格上有缺陷，就要寻找合理的方法完善自己，不要胡思乱想，也不要无故给自己增加压力。健康的心态比任何方式方法都重要。

我们不能改变他人，也不能完全脱离社会，但是我们可以改变自己的心态。一个人拥有什么样的精神状态，就会有与之对应的生活方式。就个体而言，人与人之间的差异并不大，真正的差别是心态。有了好的心态，我们就能够很好地控制自己的情绪，而不是被情绪牵着鼻子走；有了好的心态，我们就能用积极乐观的态度面对困难，努力过上自己想要的生活。

切忌一味地生闷气、发脾气，那是弱者才有的表现。

从古至今许多人之所以失败，不是因为无能，而是心态不对。好的心态是成功的前提。性子直爽，容易情绪化，本身并不是什么大问题。但是情绪化的人总是很容易被外界所影响，心情不好，学习、工作的效率就低了。如此一来，恶性循环，结果就会更糟糕。

火车站外，两个年轻人一前一后，排着队要进候车大厅。一个叫向涛，手中握着去上海的车票，他要去上海打工；另一个叫郑毅，是向涛的发小，住在同一个村里。

到了上海后，两人在工地找了份活，算是安定了下来。工地的活很累，包工头又总因为他们年纪小，欺负他们。郑毅性子直，几次差点动手揍了包工头，向涛就劝他，忍忍，但是郑毅还是爆发了。

一次，郑毅干完活很累，想回去睡觉。包工头却让他去搬车上的砖块。

“你把砖块卸了再走。”包工头语气强硬地命令道。

郑毅早就不满包工头了，没理睬他，包工头怒了，骂道：“你还挺横，还不是照样在我手底下打工，看你也就一辈子给我打工的命。”

包工头的话，把郑毅这些天憋着的气一下子激发了出来，他忍不住与包工头吵了起来。两人越吵越凶，差点就动手了，最后被人拉开了。

向涛知道了事情后，对郑毅说："你性子直，我就是怕你出这样的事。他说的话，你换个心态，也许就不会那么生气了。他看不上我们，我们才要努力地活出更好的人生啊。"

郑毅想了一会后，豁然开朗道："是啊，我们要活出个样子。"

很快两人换了份工作，几个月后存了点钱，租了个小门面，干起了给商铺清洗招牌的工作。刚开始，特别辛苦，但两人憋着一股劲，就是要在上海立足。几年过后，当初的小门面已经变成了拥有100多人的家政公司。

在直性子的群体里，容易情绪化的人占了较大的比例，而这些人在不良情绪的控制下，不能进行理性的思考，通常很容易做出很多不理智的行为。故事中的郑毅就是一个生动的例子。直性子的人只要做到以下几点，就能很好地控制自己的不良情绪。

第一是要提高自己的执行力。只是想着要改变自己的心态，但不去行动，最终只能被情绪所绑架。虽然行动起来也不一定会有成效，但总比不行动的好。想到什么，就赶紧去做。长此以往，你会发现，生活会变得越来越令人满意。

第二是保持一颗平常心、宽容地待人。每个人的人生，都会有失败和成功的时候，没有人会一直在谷底，也没有人会一直在云端。假如把生活中的这些起伏看得太重，人生就会失去很多乐趣，多了很多无谓的烦恼。而一时的挫折并不会影响我们的正常生活。因为只要拥有了一颗平常心，我们就能坦然地面对生活中的琐事，不会因为小的挫折而灰心丧气，更不会因为他人的指责而大发雷霆。

所以人生在世，重要的不是生活给你了什么，而是你会怎么面对生活。心态才是决定一个人自我价值的基础。“退一步海阔天空。”说的就是这个道理。

走自己的路，让别人去说吧

人们常说：“流言止于智者”。聪明的人才不去理会外界的流言蜚语，他们知道为流言生气，毫无意义。

著名相声表演演员郭德纲早年接受记者采访时，曾谈到微博评论的问题。

当时，记者问他：“您为什么会关闭微博评论呢？”

郭德纲回答：“我觉得，微博评论其实没什么意思。那些人都用的是虚拟的名字，是不真实的。有些人随意地诋毁别人，也不用负责任。我倒不是怕有人骂我，我是担心让他们不开心，毕竟，谁也骂不过我。要是评论的时候，后面写上评论人的真实名字，家住哪里，孩子在哪上学，人们就消停了。”

如果说现实生活中的流言都是背着别人传播的，那么网络上的流言蜚语就是“面对面”地在诋毁了。郭德纲意识到了这个问题，本着不影响自己的心情，也不影响他人心情的原则，关闭了微博评论。毕竟没有人说得过郭德纲。而互相谩骂，或者给对方解释，其实没什么用。

而直性子的人如果听到了关于自己的流言，不少人会第一时间去澄清，甚至向别人解释。但实际情况是：传播流言的人只是为了“八卦”一下，事实究竟是怎样的，对他们来说，根本不重要。

古人说过：“行高于人，众必非之。”你的生活比其他人过得好，大家就会揣测你的生活。这时各种各样的流言就开始滋生，一传十，十传百，那些不实的言论就这样不负责任地散布出去了。现实生活中，这样的例子比比皆是。我们唯一能做的，就是做好自己，不受外界流言的影响，继续努力，让自己过上想要的生活。

陶子怎么也想不明白，事情怎么会变成现在这个样子。

陶子是一名在读的研究生，今年研二。宿舍里住了四个人，关系一直很和谐。最近，因为一些小事，陶子和室友敏敏发生了一些摩擦，两人关系有点僵。

陶子偶然听到了一些流言，是实验室的人在传，说陶子经常不洗澡，不讲卫生，还随便用室友的东西。陶子是个直性子，脾气也急，听到了这些流言，她的第一反应就是：这是敏敏散布的谣言。她匆匆忙忙回到宿舍，跟敏敏理论了起来。

“你怎么那么小心眼，竟然跟同学说我经常不洗澡。”陶子大声地质问敏敏。

“我才没有，别把别人想得那么龌龊。”敏敏生气地反驳道。

其余两个室友，看情况不对，开始劝陶子。可是，陶子正在气头上，哪里听得进去。两人越吵越凶，就连旁边的学姐都过来劝架了。谁都没想到，陶子一着急，推了敏敏一下。

敏敏一下撞到了桌子上。桌边正放着一个玻璃杯，就掉了下来。正巧砸在了敏敏脚上，里面有些热水，把敏敏的脚烫伤了。

大家都傻了，赶紧带敏敏去了医务室。

见状，陶子很后悔，本来不理会那些流言就没什么事，现在呢，大家都知道她不讲理了。

故事中的陶子完全可以不理会那些流言蜚语，可是她却选择了用不合理的方式解决。真正聪明的人是不会在乎那些不实传言的。他们知道不真实的事情，计较多了只能是伤人又伤己。

生活中，我们总会听到这样那样的流言蜚语。有些是别人的，有些是我们自己的。而我们周围也不乏这样的人，他们会跟我们说："那个谁，怎么怎么？"他们肆意地传播着别人的流言，不去想这些流言会对别人造成什么影响，只图一时的痛快。既然他们只图一时的痛快，我们又何必耿耿于怀呢。毕竟，开心才是人生最要紧的事情。

那么，性子直的人，该如何面对流言蜚语呢？

首先，不要急着与他人争辩或者去跟别人解释，事实总是胜于雄辩。时间会抽丝剥茧，将事实呈现在大家的面前。有时候，你越是急着去解释，大家就越是愿意相信流言是真的。所以淡然面对就是最好的处理方式。

其次，想开点，不要因为流言蜚语而怒火滔天，甚至迁怒于他人。直性子的人，为人处事都很直接，他们生气了，旁人的感觉就会很明显。所以要提醒自己，你是成年人了，随意发脾气已经不是一个成年人该有的行为了。如果因为流言蜚语而影响了自己的人际交往，那就得不偿失了。假如这些流言已经影响到了你的名誉，甚至构成了恶意中伤，那就搜集好证据，用法律的武器来维护自己的名誉。

最后，远离散布流言蜚语的人，努力提升自己。近朱者赤，近墨者黑，你变得优秀了，自然就会认识更多优秀的人。就会逐渐远离那些流言蜚语。而且你越来越美好，那些污蔑你的人，又怎么能挑出理由来散布流言呢。所以面对流言，我们所要做的事情就是努力再努力，让自己变得越来越优秀。

人心复杂，做人别太单纯

人们常说："害人之心不可有，防人之心不可无"。生活中，总会有些自私的人，为了自己的利益而伤害他人，所以说人心很复杂，做人别太单纯了。

林江姗家境不错，又是家里的独生女，爸爸妈妈总是呵护着她。朋友们总说，像她这样性子直爽，心思单纯的人，很容易被别人骗。大家总是提醒她，为人处事，多个心眼比较好。可是她都 26 岁了，哪是说改就能改的。研究生毕业后林江珊考进市一中做了老师，接触的环境就更单纯了。

以前倒不是没有吃过心思单纯的亏，但她总觉得多个心眼这种事情，她做不来。最近发生的一件事，让她改变了想法。

每次，林江姗下班晚了，林爸爸都会开车来接她。恰巧周五的时候，林爸爸有事，她就用打车软件打了个车。以前也有晚下班打车回家的经历，因此她也没有特别在意。打开车后门，坐进去之后，她就自顾自地玩起了手机。

一会儿，林江珊觉得走了很久，看了眼时间，已经半个小时了。可是回家的路最多十五分钟就到了。“师傅，还有多久才到啊？”她问道。

司机似乎有点紧张，回答道：“快了快了，马上就到。”

又过了十分钟，林江姗觉得有点不对劲，都走这么久了，还没到家。

这时候，林妈妈打来了电话，说：“宝，你把免提开开，让司机听见我说话。”林江珊照做了。

林妈妈说：“宝，你还不到家啊。你爸已经去接你了，你发一下你的位置。”

司机听了，打消了做坏事的念头，把林江珊安全地送到了家。

生活中有很多像林江姗一样的人，他们性格直爽，心思单纯，总是觉得世界很美好。如果世上都是好人，那就不需要警察来维护社会治安了。所以适当地多个心眼，对自己没坏处。

一味单纯是不可取的。要知道，人总有自私的一面，当彼此的利益发生冲突时，对方会优先地选择对自己有利的方式来处理问题。人们常说：“人不为己，天诛地灭”，说的就是人的自私性。每个人都有私欲，但这并不是什么可恶的事情。我们所要做的，就是避免被他人的自私性所伤害。

有些人会说：“我与对方没有利益冲突，他伤害了我，我也原谅他了。但是他为什么会一而再，再而三地伤害我呢？”

很多单纯、直性子的人认为，只要自己不自私，宽容待人，就能得到同样的待遇，但实际上并不是这样的。很多人就是喜欢“欺负”老实人。

电视中，常常出现各种诈骗新闻，甚至有些人被骗了钱后猝死。这些新闻告诉我们：在这个世界上活得太过单纯，其实很危险。害人之心不可有，但为人处事，知道防着点人，还是很有必要的。

从人的本性来看，自私是天性，只不过后天所受的教育教会我们，要合理地追求自己想要的东西。人们为了获得自身的发展，就必然要与他人竞争，而自私就是为了在竞争中获得胜利。想清楚了这些，就不会因为别人的私欲而耿耿于怀了。

人们常说：“一分耕耘一分收获”。就是说，想要得到什么，就需要付出同等价值的东西。可是总有人喜欢走捷径，以为天上会掉馅饼。某些情况下，吃了亏，其实就是自己贪小便宜的结果。总之，为人处事，多个心眼没错。不做伤害别人的事情，也不让别人伤害自己。

月底发工资的时候，张莉发现，自己的工资少了一半。张莉性子直，脾气急，立马就去了财务部，询问自己工资的事情。

财务部的小蒙说：“我是照着工资单发的，你的工资就是发这么多，你去问人事吧。”

张莉又匆匆忙忙地去了人事部，人事部的人告诉她，是钱总让扣的。张莉不明白，自己工作方面没出过问题，为什么要扣工资？她又去找自己的经理问。

经理说："上个月，我让王妍帮我订一张去北京到厦门的机票。可是我到了机场，发现机票订反了，我的行程被耽误了。我打电话问她，她说是你订的。你给公司造成了损失，我扣掉你一半的工资，作为惩罚。"

张莉记得，王妍跟自己说的时候，就是厦门到北京，当时，她还奇怪，怎么会订返程的机票呢。可是，王妍根本不承认这个事，张莉又没有证据证明王妍当时说错了，无奈之下，张莉只能吃个哑巴亏。

如果故事中的张莉多个心眼，让王妍给自己发个短信或者邮件，出了事，就能找到证据证明自己的清白了。可是直性子的张莉却忽略了这个问题。

社会复杂，不要盲目地相信一个人，也不要随意地接受他人的建议。知道自己心思单纯，就谨慎些，不要出了事再后悔自己没有多个心眼。虽然社会上还是好人多，但是单看一个人的外表、言行，我们无法判断他是不是好人。所以千万不要被一个人的外表、言行所迷惑。如果人的好坏能用眼睛看出来，那这个世界就不需要警察了。

有时候，看起来凶巴巴、满身都是刺青的人，也许会给老奶奶让座，会救助被遗弃的小猫；而那些看着斯文友好的人，也许会窃取老人看病的钱。这些事情告诉我们，依靠眼睛来分辨人的好坏，是不可取的。有些人喜欢欺世盗名、巧言令色、高谈阔论，但却从来不做实事。我们要避开这些人，尽量不与他们接触，这些人很容易诱骗、伤害别人。而心思单纯，性格直爽的直性子，并不能与这些人博弈，因此要努力提高自己的辨别能力。

与其和人怄气，不如为自己争气

跟自己怄气，无疑是愚蠢的。就好比自损八百，居然没有杀敌一千。与其如此，不如努力奋斗，为自己争口气。

“好气啊，我真是要被气死了。一个年纪轻轻的小姑娘，居然穿得起那么贵的名牌。”小优一回家，就气呼呼地对老公卓一凡说道。

卓一凡知道老婆是个直性子，脾气来得快去得也快，就没接她的话茬。说了句：“老婆，洗洗手可以吃饭了。我今天下班早，做了你最喜欢的红烧肉。”

小优一听，气好像下去了一些。但吃饭时，卓一凡看得出来，小优还是很生气的。

“老婆，你怎么了？”卓一凡意识到事情可能有点严重。

“老公，我们单位来了个小姑娘，总是穿名牌。我今天看她衣服的质量特别好，就问了问衣服的牌子，想着价格不贵，去买一件。可是她口气非常不好，说‘我这件衣服可贵了，上千呢。你是买不起的，牌子就告诉你吧。’听了她的前半句话，我都快气死了。差点和她吵起来，后来张大姐把我拉走了。”

“老婆，我明天给你买。别跟自己怄气，咱们努力赚钱，争口气。”卓一凡信心满满地对小优说道。

“好，老公，我们一起努力。”小优说。

大部分性格直爽的人，遇到生气的事情，心里总会憋着。故事中的小优就是一个非常典型的例子。有些时候，被迫无奈只能把气闷在心里，这样对身体很不好。当别人瞧不起你，或者惹你生气的时候，与其跟自己怄气，还不如给自己争口气。或许现在的你还没有能力实现梦想，但只要有足够的信心，总有一天，你总会得到自己想要的东西。如果因为别人的冷言冷语而心生怨气，不仅不能让你的生活变得更好，还会拖你的后腿。所以说生气不如争气。

而且生气对身体的危害是非常严重的。人们常说，身体是革命的本钱。没有健康的身体，还怎么去为自己想要的生活努力呢。

而怄气，是情绪自伤最突出的表现。如果不加以重视，会引发严重的心理疾病。

“你是要跟我分手吗？你知不知道我为你付出了多少？”于佳对着电话伤心地说道。

“我觉得我们不太合适，对不起。”手机里传来一个低沉的男声，是于佳的男朋友翟天。

“可是，我们都相处三年了，你现在跟我说不合适。”于佳泣不成声。

“感情这种事情，说不清的。我可能是不喜欢你了吧。”翟天的声音很冷漠。

于佳已经跟翟天谈了三年的异地恋了，本以为熬过这一年会结婚，没想到，却等来了他的分手电话。之前一起旅行的时候还很甜蜜，谁知情况却变成了现在的样子。

于佳不甘心自己付出了那么多，但事情已经变成这样了，她也不想再乞求什么，只想问句实话。

“你跟我说句实话，你是不是在那边有了别人？”于佳想知道答案。

“没有。于佳，是我们的性格不合适。你是个直性子，心里有什么就肯定要说出来，有时候，还喜欢跟自己怄气，我都有些受不了。我是个慢性子，温温吞吞的。起初以为，性格可以磨合，但相处下来，我发现，这其实是个很难跨越的问题。”翟天认真地说道。

于佳不知道该说什么，也许，改变自己的性格，还有机会挽回，她想。

人们总爱说，在这个世界上，没有谁会因为离开谁而活不下去。可能故事中的翟天是这样想的，于佳也是这样想的。但是在茫茫人海中，能找到一个情投意合的人，并不是件容易的事。如果因为性格而错过彼此，其实也是一种损失。

有时候，我们错过一些东西，就是因为性格方面的问题。比如，太过直率，爱跟自己怄气。有人会说，我跟自己怄气，难道还会影响别人吗？试问，一个人不开心，脸上会有笑容吗？一副生人勿近的样子，谁见了，都不会舒服。既然事情已经无法改变，何必还为难自己。倒不如把这些负面情绪化为力量，努力为未来打拼。拥有了美好的未来，哪还有时间为一些鸡毛蒜皮的小事而生闷气呢。

第九章

出来混，还是要懂点“丛林法则”

要想活得滋润，得理也要让三分

人非圣贤，孰能无过。得了理，也别不饶人，让别人三分，给别人留条退路，也是给自己留余地。

王朝是一家事业单位的老员工，仗着自己在单位工作时间长，就自居为领导，经常指使新来的员工帮自己做事。同时王朝是一个“直性子”，不高兴了就会说新来的实习生几句，还经常得理不饶人。

李多多是今年新招进来的应届毕业生。刚参加工作，王朝让她干活，她就干，也不敢说什么。但时间久了，李多多发现，这些其实不是自己分内的工作。

李多多找到王朝，对他说：“这些工作不是我分内的，我不想再帮你做了。我自己的工作也很多。”

王朝听了这话，很不开心。他觉得自己的“权威”被挑战了，但是除了苛责李多多几句，他也不能做什么。这件事情就这么过去了。

几天后，李多多上班吃零食被抓到了。领导让王朝跟李多多说一下，以后不要这样了。王朝开心坏了，狠狠地骂了李多多一通，见到谁，就跟谁说这件事。

李多多知道了，并没有说什么。她改掉了自己的毛病，努力工作。后来，李多多通过考试，成了王朝的领导。

故事中的王朝记恨李多多不帮自己干活，挑战自己的“权威”。于是，在抓到李多多的痛处之后，他“得理不饶人”。我们常说，得饶人处且饶人，给别人留点余地，日后也好相见啊。

得理让三分，一是给自己留退路。言辞不要太过于极端，这样才能从容自如地处理彼此的关系；二是给别人留条退路。不管在什么样的情况下，都不要把别人逼向绝路。如果对方没了退路，也许会做出一些过激的行为。当然这样的结果是任何人都不愿意看到的。

得理让三分，不让别人为难，同时也是不让自己为难。别人轻松了，自己也可以获得解脱。

而得了理不让人的人，大多都是有主见的“直性子”，他们自认为自己占了理，所以就毫无顾忌地教训别人。如果对方辩驳，也许还会引发争吵。因为他们不允许对方发表不同的意见。而这种做法，除了让双方关系破裂，其实没有任何意义。得理让三分并不是怯懦，而是真正的大度和得体。

得理不饶人，看起来好像是在坚持“正义”，可实际上，这是不合理的。正义是什么，没有一个绝对的标准。每个人看问题的角度不一样，自然对正义也就有着不同的看法。所以下次遇到了占理的事情，别太过分“讲理”。

唐代有一位名臣叫郭子仪，历经四朝，权倾朝野。他常常向帝王直言进谏，却一次又一次安然地躲过政治事件，一生安享富贵。而他这样的“直性子”，却能在国君昏庸的时代享尽富贵，并安然离世，这都是因为他做事的原则：得理让三分。再加上他性格豁达，能长寿，也就不足为奇了。

郭子仪在担任兵马大元帅时，皇帝身边有一位宦官叫于朝恩。于朝恩擅长拍马屁，深得皇帝的喜爱。他十分嫉妒郭子仪的权势，经常在皇帝面前说郭子仪的坏话，但是皇帝并不是很相信他。

愤懑之下，于朝恩指使自己的手下，挖了郭家的祖坟。此时，郭子仪并不在京城。

当郭子仪从前线返回京城的时候，所有的官员都以为他会杀掉这名宦官。但是他却对皇帝说：“我多年带兵，士兵们也曾盗挖过别人家的坟墓。我郭家祖坟被挖，是我的不忠不孝，并不能过度苛责于别人。”

祖坟被挖，在历朝历代都被视为奇耻大辱。而郭子仪在占理的情况下，却还能这么大度，可见，他是一个胸怀开阔的人。或许正因为如此，他才得到了官员们的敬重，每次都能从政治事件中全身而退。

现代社会，人们喜欢谈“真诚”，强调直言不讳。这就导致了，很多人有什么说什么，不太在意别人的感受。而这些“直性子”的人，好胜心也强，他们常常锱铢必较，喜欢与对方辩驳，以此证明自己是对的才善罢甘休。如果在某一件事情上占了理，他们可能就会变本加厉。但每个人都会做错事，既然自己也会犯错，就要允许别人犯错。换位思考一下，假如自己犯了错，别人揪住不放，你心里又会是什么感受呢？

得理不饶人，其实就是不擅长处理人际关系和复杂的事情。而这样的人，太过于主观，会在学习、生活中吃亏。人们常说，我敬人一尺，人敬我一丈。做人做事，留三分余地，对己对人都有好处。

笑口常开，好运才会来

日常生活中，常常微笑的人大多拥有不错的人际关系。与之交往，如沐春风。而直性子的人却喜欢把自己的情绪写在脸上，不开心的时候就满面忧愁。

星期六的早上，周丽约了好朋友琪琪一起吃饭。她要介绍自己新交的男朋友徐刚给琪琪认识。

周丽早早就到了餐厅，还叮嘱男朋友，早一点到。

二十分钟后，琪琪也到了。周丽看了看表，再有十分钟就到约定的时间了，可是，徐刚还没出现。

周丽拿出手机，拨通了徐刚的电话，“你到哪了？快到约定的时间了。你快点过来。”说完，周丽就挂断了电话。

琪琪觉察到周丽不高兴，忙说：“没关系，晚到一点没事儿。你跟我关系这么好，不在乎这个的。”

可是，周丽还是很不高兴。脸上似乎罩上了一层阴云。琪琪也不知道该说什么了。

半个小时后，徐刚到了。周丽没说什么，但脸上的神情已经告诉徐刚，她很不高兴。琪琪知道周丽是个直性子，什么事都会写在脸上。可是周丽不开心，琪琪跟徐刚又不熟，所以这顿饭吃得很尴尬。

吃完饭，琪琪说：“那我就先回去了。”

周丽跟琪琪说了抱歉，送琪琪上了出租车，看着车走远了，才跟徐刚生气。

“今天你又没什么事，怎么会迟到呢？让我朋友等你，你觉得好吗？”周丽责备道。

“我公司突然有事，这不是意外嘛。”徐刚解释。

“你以后别把情绪写脸上了，你看，刚刚吃饭时多尴尬啊。”徐刚缓缓说道。

“你迟到了还有理了，还说我。”周丽比刚才还生气。

最终，两人不欢而散。

故事中的周丽是一个直性子的人，喜欢把喜怒哀乐表现在脸上。殊不知，这种情绪在某些场合是不合时宜的。徐刚的迟到本来是一个意外，如果周丽笑着表达自己的“不满”，最后也许就不会不欢而散了。

笑容是世界上最珍贵的东西，甚至比锦衣华服还要美丽，它是最真诚、质朴的一种语言，可以跨越国界、人种。没有人喜欢愁眉苦脸的人，大家都喜欢与常常微笑的人交往。当然，每个人都会有不开心的时候。但是选择适当的场合，用适当的方式去表达自己的情绪，才是一个成熟的人所应具备的修养。

直性子的人可能会说："我就是这样一个人，我才不会那么虚伪，整天笑，我不开心就是不开心"。可是，真诚的人难道就不可以常常微笑吗？笑口常开的人，有一颗乐观、善解人意的心灵。而常把自己的不开心写在脸上，还经常自诩是直性子的人，并不是真正的直率，而只是为自己的自私找借口罢了。

笑容是乐观情绪的外在体现，即使你现在心情不好，努力微笑也可以帮你驱散不良情绪。而且积极乐观的情绪还可以提高身体的免疫力。所以不要有了开心的事情才笑，不开心的时候也要多笑笑，这样，心情才会变得越来越好。

最近，薛蒙蒙常常收到朋友丽丽发来的微信，跟她吐槽一些工作上的"痛苦"。

正好赶上假期，丽丽打算到薛蒙蒙所在的城市玩几天。一大早，薛蒙蒙收拾好东西，就出门了。接到了丽丽之后，两人就回了家。

进门后，两人寒暄了几句，聊着聊着，丽丽就开始吐槽公司的事情。

"我跟你说，公司的助理都好难相处啊。吃饭的时候也不叫上我。"丽丽不开心地说道。

“丽丽，你记得大学时的张建吗？”薛蒙蒙突然岔开了话题。

“记得啊，他不是校学生会的主席嘛。现在还是我的直属上级呢。”丽丽不明白，为什么薛蒙蒙突然问这个。

“我跟他关系还不错，最近，我想换工作。他就邀请我去他的公司，说最近想招个新的助理。他不太满意新来的助理，大家也不太喜欢她。”薛蒙蒙缓缓说道。

“不会是我吧？我刚去一个月，其他的助理好像都待了好几年了。”丽丽不安地说。“丽丽，好像其他助理跟他反映过。你性子太直了，喜欢把所有的情绪都挂在脸上。笑的次数屈指可数。我是你的好朋友，希望你能好。我想说的是，直率没有错，但是不顾及别人的感受随意表达自己的不快，就不是直率了。我希望你能意识到这个问题，多笑笑，也许她们慢慢地就喜欢跟你玩了。”薛蒙蒙说道。

薛蒙蒙的话让丽丽这才意识到，和气待人，笑口常开，不是“虚伪”。

公司里人员复杂，每个人都有自己的性格。和气待人，脸上常挂笑容，才能跟同事们愉快地相处。故事中直性子的丽丽吃了亏，还没有意识到问题所在，直到被薛蒙蒙点破，才恍然大悟。

笑容是世界上最珍贵，也最容易的东西，一个微笑，就可以带给别人好的心情，也会让自己心情愉悦。

所以直性子的人也要尽量多展露笑容，即使当下的心情有点糟糕，每天早晨洗漱的时候，也要给自己一个微笑。遇到朋友、同事，更要给他们一个灿烂的笑容。多看看喜剧片、笑话，凡事都往好的方面想。久而久之，微笑就会成为习惯。除了培养微笑的习惯外，还要广泛结交乐观、和气待人的朋友。近朱者赤，多跟这样的朋友相处，直性子也会变得温柔，变得爱笑。而快乐的情绪是会传染的，当你沉浸在乐观世界里时，笑容自然就出现了。

吃亏事小，莫放心上

当很多人意识到自己吃了亏时，都禁不住会愁眉苦脸。尤其是一些直性子的人吃了亏，也许还会发脾气。其实，在日常小事上吃点亏，不必太放在心上。因为不怕吃亏的人，往往能得到更多的好处。

秦敏与苏梅是大学同学，两人的关系非常要好，可最近两人的关系却处于分崩离析的阶段。

苏梅是一个直性子的人，有什么话不会憋在心里。秦敏一直觉得，苏梅这样的性格很好，可大学毕业后，秦敏才意识到，苏梅需要改改她的性格了。

上周末，秦敏在家休息。

苏梅打来电话，问："你在家吧？我去找你玩吧！"

秦敏开心地回她："在，你到了直接上来吧。"

两人在一起玩得很开心，很快，到了该吃午饭的时间了。

苏梅对秦敏说："吃小龙虾怎么样？还有龙虾饭。"

秦敏也不知道要吃什么，就说："可以啊！那就小龙虾吧。"

苏梅拿起手机，订了份外卖。一个小时过去了，外卖还是没有到。苏梅有些坐不住了，拿起手机看了看，订单还在配送中。

苏梅打电话催了好几次，终于，一个小时后，外卖小哥到了。

苏梅打开门，对外卖小哥就一通指责，"怎么回事？这都几点了？这么近，你竟然送了这么久。"

外卖小哥边道歉边说："对不起，实在是对不起。今天天气有点糟糕，路上还有点堵。真的很抱歉。"

见状，秦敏拉着苏梅的胳膊，劝解道："算了，今天雨这么大，又刮大风，慢一点可以理解。"苏梅却觉得自己吃了亏，不依不饶。"天气不好，我多掏了50块的配送费啊！真是越想越生气。"外卖小哥等苏梅抱怨完，又说了很多对不起。

而苏梅好像更生气了。无奈，秦敏只能跟外卖小哥说："她性子直，你别太在意。今天谢谢你了。"

因为这件事，苏梅生了一下午气。小龙虾也没吃。她觉得自己都亏死了，可秦敏却觉得这是件小事。后来，这样的小事又发生了几次，秦敏觉得，苏梅的性格真的该改改了。

故事中的苏梅认为自己吃了亏，多掏了配送费却没有得到更好的服务，心里生气，就一再地埋怨外卖小哥。而生活中，有很多苏梅这样的人，他们性格直爽，也很容易情绪外露。一旦吃了亏，就会直接表达不满。而这种情绪表达方式往往会伤害到他人，也会让自己不开心。

吃亏可能会牺牲掉一些眼前的利益，但是从长久来看，吃亏往往会换来更多的快乐，并得到长远的利益。并且不怕吃亏是一种非常可贵的品质。拥有这种品质的人，往往能用长远的眼光来看待周围的事情。而在这样的世界观背后，是一颗豁达、宽容、不斤斤计较的心灵。

有些人性子直，吃了亏，就会生闷气，或者发脾气。其实，日常小事上吃些亏，损失不会太大；并且已经吃了亏，再生气也于事无补，还不如想开些。吃了亏必然也会得到一些东西：也许是教训，也许是更长远的利益。

陈刚大学毕业后，进了一家私立医院。他每天的工作，就是把大夫开的药方输入电脑，并统计一下他们的工作量。或者给老一点的大夫抄写药方子。除了这些，其他都是一些更为琐碎的事情。他觉得自己上了本科，可是却整天做一些琐碎无聊的工作。跟其他同学相比，他心里很失落，总感觉自己吃了大亏。

陈刚是个直性子，他觉得自己再也不能“忍受”这种工作了。于是，他去找院长。

陈刚闷闷不乐地说：“院长，我是正规大学毕业的，可是感觉我现在做的事情，一个大专生或者中专生完全也可以做好。”院长静静地听陈刚说完，才语气温和地说：“你觉得自己很吃亏，是吧？大学毕业却做了这些工作，而且还很枯燥。你是一名医生，将来是要治病救人的。虽然学习了很多理论，但是你还欠缺很多经验。跟着老大夫学习，这是必需的。”听了院长的话，陈刚有些安慰，自己确实还年轻，也许吃的这些亏是好事。

院长看陈刚听进去他的话了，接着说道：“你看，你统计老中医的药方，就能学到他们治病的一些妙招。给他们抄写药方子，就是在学经验啊。这些都是无法用价值来衡量的东西。”

跟院长聊过之后，陈刚一扫之前的郁闷，又继续认真地做着自己的工作。

故事中的陈刚是一位刚刚参加工作的年轻人，对工作有“怨言”也在所难免。现在很多人都存在这个问题，他们觉得凭借自己的能力完全可以做一些有意义的工作。一旦做了“鸡毛蒜皮的小事”，就会觉得自己吃了大亏。而他们之中的“直性子”，甚至会辞职。但大量的事实告诉我们，吃点亏，其实是一种福气。你看似“吃亏”的那部分，命运会在更高更远的地方给你补偿。

那么，直性子的人如何才能更好地理解吃亏是福的道理呢？

首先，要保持一种乐观、豁达的人生态度。心态端正了，吃了亏，就能很快想清楚事情的来龙去脉，不会把吃亏这件事情放大，更不会让它影响自己的心情。一些直性子的人思维比较简单，吃了亏，只会生气。其实，日常小事上吃些亏也许还是好事。吃小亏，长经验，避免在大事上摔跟头。

其次，多往好的方面想。吃了亏，尽量不要往消极的方面想。比如，自己损失了什么，遭遇了什么伤害。多想想自己得到了什么，而这些经验对自己的未来有什么好处。有时候改变自己的思维方式，比生闷气有意义得多。毕竟，亏已经吃了，生气毫无意义。

最后，选择合理的方式将不良情绪排解出去。毕竟，我们都是普通人，吃了亏生点气在所难免。而直性子的人，大多比较急躁，吃了亏可能就会很直接地将自己的愤懑表达出来。但是生气还会影响身体健康。而我们完全可以选择其他的方式来忘掉这些不愉快。比如，约上三五好友，来一场酣畅淋漓的篮球赛，或跟朋友打一场战争游戏。而且大量的事实告诉我们，吃小亏的人才能占“大便宜”。

随口的承诺，也要说到做到

承诺是一件非常严肃的事情，一旦说出了口，就要努力兑现，这样才能获得他人的认可。有些人，性格直爽，大大咧咧。为人处事时，不够仔细，有时候思虑不周就会匆忙许诺，从而造成失信于人的情况。

陈旭名牌大学毕业后，经过层层面试，应聘到了一家大型外贸企业做跟单员。培训期间，公司安排了一位资深的跟单员郑峰做他的导师。

陈旭性格直率，因此很受大家的欢迎。但他太过大大咧咧了，办事总是粗枝大叶。有时候，承诺了别人的事情，转过头就忘了。大家总是跟他说，别那么粗心，毕竟是做外贸的，小心在工作上出问题。而郑峰也如此提醒过他，但陈旭总说要改，却总是改不掉。终于，因为“订单事件”，陈旭意识到自己确实该改了。

一次，郑峰让陈旭去拜访一位客户。

出发前，郑峰千叮咛万嘱咐，就怕陈旭又粗心办坏了事。“这家企业特别讲究效率，他们的货物要求必须准点送到。如果客户问时间，你一定查过了航班再说，别跟平常一样。”

陈旭答应了下来，但却没放在心上。

与客户洽谈好了订单的具体事项，客户问了句：“这次的货物可以在12号早上8点到达吧？”此时，陈旭早就忘记了郑峰的叮嘱。急忙说：“能的。您看，您都跟我们合作过很多次了，应该知道我们从不会延误客户的货物。”拿着签好的合同回了公司，郑峰询问了几句，陈旭都应付了过去。

谁知道，却出现了意外。12号早上，客户给陈旭打电话，说：“我的货物没到，怎么回事？你那天说肯定没问题。”

陈旭也不知道怎么回事，他赶忙给客户道歉。之后，马上给郑峰打电话。郑峰询问了陈旭关于航班号的事情，就知道出了大事。

“那趟航班因为天气原因，10号下午才飞，12号肯定到不了。你怎么不查清楚呢？”郑峰责备道。

“我……我……”陈旭不知道该说什么。

这个单子给公司造成了很大的损失，而陈旭也因为这件事，没有通过试用期。

故事中，作为一名跟单员的陈旭并没有意识到，随口承诺却做不到的坏习惯，会造成多么严重的后果。可以想象，如果没有发生“订单事件”，陈旭还是意识不到自己的问题所在。有时候，是失败还是成功，比的就是认真。人们常说，做事怕的就是认真二字。许下的承诺，就要兑现。不管是在什么情况下许下的承诺，只要说了，就应该做到。明知道自己会忘记，就不要随意承诺别人。保持言行一致，才能赢得他人的尊重和信任，才会拥有更和谐的人际关系。

就像故事中的陈旭一样，有些直性子的人很容易对别人承诺，但关键时刻却又做不到。他们认为，答应了别人的事情忘记了很正常，反正都是小事。要是有大事发生，自己是肯定会做到的。但是，我们都是普通人，哪里会有那么多大事需要去做呢？

当你一次次随口承诺，一次次失信的时候，别人也会疏远你，并拒绝为你提供帮助。因为没有人喜欢与总是粗心大意、不遵守承诺的人交朋友。而信誉是一个人立足社会的根本，更是企业的生存之本。

狄莺是一家广告公司的媒介助理，一次，她接到一个单子。对方想要提高自己微博的关注度，想要刷粉。商量好了具体事宜后，狄莺把单子做成了表格，发给了同事李顺。

自诩自己是个直性子的李顺平常爱随口承诺，却又常常失信于人。为了防止这次的单子出问题，狄莺在表格里特别写明，对方要求在周一前一定要刷够两万的粉丝。并且狄莺在QQ上还问了他一句，李顺满口答应了，但狄莺还是有些担心。

转眼，周一就到了。狄莺还没到公司，就接到了甲方公司的电话。

“狄小姐，你不是答应我，周一给我们刷够两万粉丝的吗？怎么不对啊？”甲方的工作人员口气有点冲。

狄莺只能先道歉：“不好意思，我还没到公司，等下我去问问同事，再给您回电话。实在是抱歉。”

“好吧，您一定要给我们刷够啊，钱已经打到你们公司账户了。”说完，甲方公司的工作人员挂了电话。

狄莺去问李顺，李顺却不在意地说：“差一点就到两万了，明天补齐就好了。又不是什么大事。你就原谅我吧，你也知道，我是个直性子，很容易忘记细节问题的。”

听了李顺的话，狄莺很生气，却又无可奈何。因为李顺每次失信于人时都会拿自己是个直性子做借口。

生活中像李顺这样的人其实很多，他们常常拿自己是个直性子做借口，以此掩盖他们的粗心以及不负责任。而真正的直性子，是真诚、直率、懂得遵守诺言的人。

有些性格直率的人做事时，总会忽视一些细节问题。他们觉得又不是什么大事，忘记了就忘记了。他们总认为，这些都是小事，但在别人眼中，却可能就是大事。随口承诺了别人，却总是做不到。这是一个很糟糕的习惯，从小的方面看，这是个人性格所致，是粗心大意的毛病。从大的方面看，这是人格上的缺失，是不负责任的表现。无论你是什么样的性格，都要谨言慎行。知道自己常常食言，就要努力改掉这个习惯。

细节决定成败。答应了别人的事情就要做到。成年人的世界，讲究的是你来我往，总是不遵守承诺，最终只会让自己陷入糟糕的境地。

“毒舌”式的幽默，是缺少教养的表现

在人际交往中开玩笑的前提是尊重并且理解别人，而打着直性子旗号的人，用“毒舌”伤害别人，这不是幽默，而是情商低的表现。

王敏与小莉是大学室友，王敏性格内向，而小莉则心直口快，甚至有些“毒舌”。因为王敏不怎么爱说话，所以她们的相处还算和谐。两人大学毕业后都留在了南京，小莉是本地人，家境富裕。王敏是外地人，后来认识了男朋友，就留在了南京。

毕业没两年，小莉就嫁人了。婚后第二年，小莉怀孕了。正巧，小莉怀孕的时候，王敏准备与男朋友结婚。于是，王敏去了小莉家，准备顺便跟她聊聊自己要结婚的事情。

到了小莉家，王敏就跟小莉说起了自己要结婚的事情。

“我准备结婚了，我们俩付了首付后，没什么钱，家里也都不是很富裕，就不打算办婚宴了。请两家人吃顿饭就好了。”王敏对小莉说道。

听了王敏的话，小莉连珠炮似的说道：“哎，你可真够傻的，婚宴都不办，要是你跟他离婚了，那可吃大亏了。虽然你家里跟他家里都没什么钱，但是再怎么穷也得办场婚宴啊。”听了小莉的话，王敏有些难受，但她却说不出什么。

“你们还这么穷，为什么着急结婚呢？又不像我家一样，在南京有房子。”小莉看王敏的脸色不好，说了句：“哎呀，我性格就是很直，你知道的。”

王敏本以为会得到小莉的祝福，没想到，却被伤害了。王敏本来觉得小莉心眼不错，就是直接了一些，可今天她的话也实在是太过分了，于是在闷闷不乐中王敏离开了。

故事中的王敏知道自己经济状况不好，但她不需要被提醒。结婚之前，她需要的是真诚的祝福，不是“毒舌”式的建议。每个人都有自己的底线，并不是每个人都能接受“毒舌”式的关心。况且，从小莉的话里，王敏也听不出对她的关心。

直性子，不是“毒舌”的理由，即使关系再亲密，说话的时候也要顾及对方的感受。不能仗着自己性子直，就不管不顾，换位思考一下，如果总是被别人贬低、语言刺激，那会是什么感受？年纪越是增长，就越是要把握说话的尺度。

有时候，朋友间还是需要保持距离的。不要自认为关系好，就忽视了距离感。毕竟，大多数人，都难以理解和接受“毒舌”式的幽默。

有人说：“我说话是难听了点，但这都是为了你好。”对不起，真正的关心不是用语言伤害别人。如果真的是要帮助别人，请拿出诚意，做点实际的事情。比如，对方工作上出现了困难，帮他想个解决方案，或者朋友缺钱的时候，资金充裕的话，借点钱给他。不要一边说着关心，一边却什么事情都不做。

有修养的直性子，会在意别人的感受，不会把快乐建立在别人的痛苦之上。他们知道：直性子，不是“毒舌”的保护伞。

没教养的人才会把“毒舌”当作幽默。

可可的朋友木木过生日，她带了男朋友去参加生日聚会，想让朋友们认识一下她的男朋友。

第一眼看见可可的男朋友，姐妹们都说：“你男朋友看起来还不错哦！”姐妹们的话，让可可满心欢喜。

可是，一个看着斯斯文文的男生，却说话刻薄，最后得罪了所有参加生日聚会的人。

木木的皮肤很黑，脸上还有没消下去的痘印，而她也不喜欢别人说她皮肤黑。

但是可可的男朋友却隔着桌子问木木：“你皮肤好黑啊，是刚刚从非洲回来吗？哈哈哈哈。”他的声音不高不低，正好让所有人都能听见。

木木本来在笑，听了这话，脸色立马变了，几秒后，才恢复了笑容，回了他一句："是啊！非洲有特别大的狮子呢，能一口把你吞进肚子里。"

听了这话，可可掐了男朋友一下，而她男朋友却扬高声音，说道："你掐我干什么？"

见状，可可只好低着头。过了一会，可可的男朋友又开始"调侃"他旁边的男生高达。高达很消瘦，个子也不高。

可可的男朋友说："高达，你爸妈给你取的名字可真搞笑。"说完，就自顾自地笑了起来。

这一次，大家都愣住了，但可可的男朋友却继续说："你啊，叫柴火吧，又细又小，挺符合实际的。"看着可可的男朋友一脸得意的样子，大家都觉得他脑子缺根"弦"。

于是，可可把男朋友叫出去，说道："你在我面前毒舌就好了，不要出来说别人好吗？"虽然她知道男朋友是个直性子，"毒舌"惯了。但是别人接受不了啊。

但是她男朋友却不以为然，说道："你的朋友真小气，连玩笑都开不起。"

故事中可可的男朋友自以为自己幽默，但实际上，他很低俗。

皮肤黑的人，很讨厌别人拿自己的黑开玩笑。而胖人，则介意别人调侃自己的胖。在人际交往中，我们要懂得尊重别人，注意给对方留面子，如果别人自嘲，也请不要附和。别人愿意压低身份来换取大家的开心，并不代表，你就能随意地调侃别人，说一些过分的话。

“我这个人就是直性子，说话刻薄了些，但都是为你们好”“我就是开开玩笑嘛，别那么小气”，总有一些人，打着直性子的旗号，为所欲为，明明是自己说话太过分，却试图从别人身上找毛病。

拿自己的性子直做借口，掩饰自己根本不会说话的真相，是一种愚蠢的行为。语言的影响力，有时候，比能力更重要。与人交谈时，语气要温柔、委婉些，多鼓励别人，少打击别人。而毒舌并不会让你变得可爱。恶语虽然伤人，但也不会让你变得更快乐。

一些直性子的人，遇到性格内向的“小绵羊”，再加上一些支持他们毒舌的朋友，会让他们自我感觉良好。在这样的环境下，他们就会越发不在意自己的毒舌是否会伤害到别人，甚至会理直气壮地说别人小气。但是他们如果遇到了比自己性子更直、更毒舌的人，也感觉自己受了伤害。每个人在社会上生存，都想得到他人的尊重。没有人喜欢被别人毒舌。说严重点，毒舌就是语言暴力，在伤害别人的同时，最终也会伤害自己。

鹤立鸡群，群鸡必啄鹤

做人，别太自我，不要说自己是直性子，想做什么就做什么。在社会上生存，肆意而为不可取，遵守规则才能活得更好。

"小庄，您一会儿要去总部开会，是吧？帮我带个文件过去吧？"隔着一个工位的林清想让庄然帮个忙。

庄然想都没想，就拒绝了。"我不想带，你找别人吧。"他不想揽下这档子事，连个推脱的借口都没想，就直接拒绝了。

林清有些尴尬，本想着，如果他委婉地拒绝，还可以再说说，谁知道，庄然就这么直接拒绝了他。

"好吧，我去问问别的同事。"林清讪讪地走开了。

像这样的事情，在庄然身上数不胜数。

上次公司组织员工去巴黎旅游。旅行第一天，大家都想去埃菲尔铁塔，可是庄然不想去。于是，他说了自己的想法后，就走掉了。大家都觉得他太特立独行了。

这样的事情发生的次数多了，同事们就越来越不爱跟庄然相处了。

直性子虽不是大的缺点，但也是性格中的瑕疵。而这种瑕疵所带来的负面影响，会阻碍我们的事业、学业的发展。故事中庄然的处事方式不能说有什么不好，但性格这么直，难免会让人不舒服。既然是成年人了，就要学会在社会上生存的规则，这样才让自己活得舒服。

人际交往的门道很多，对一些直性子的人而言，太过自我，凡事总是直来直往，就会显得很另类，而另类的人总是不合群。虽然一个人也能生活，但人类毕竟是群居性动物，还是别“鹤立鸡群”的好。并且任何事情都会过犹不及，性子太直了，太过于自我，难免会招来麻烦。

社会就好比一个规模很大的跨国公司，这个公司里有各种各样的人，他们不仅性格不同，人种也可能不一样。我们只要进去了，就必须遵守公司的规章制度。只顾着自己的喜好，想做什么就做什么，丝毫不顾及公司的规则，最终只会被公司辞退。因为过分特立独行，必然会被社会淘汰。直性子不是坏事，但不遵守规则，那就不仅是性格的问题了。率性而为，特立独行，时间久了，就会让自己陷入困难的境地。枪打出头鸟，总是直来直往，跟别人不一样，最后吃亏的还是自己。

古丽小时候非常受家人的宠爱，所以性格直率，为人单纯。上学的时候，倒没什么，后来工作了，古丽深感自己真是有点吃不消了。

刚上班时，有一次公司举办了一次新品发布会，作为协助，古丽早早就到了现场。她做好了一切准备，就坐了下来，等着开餐。

没一会儿，桌子就坐满了。古丽一心等着开餐，也没顾及其他的。大概十五分钟后，菜开始上桌。古丽拿起筷子，就大快朵颐起来。同桌的同事都一个接一个地去邻桌给老总敬酒，但古丽却没去，她觉得自己是个新入职的员工，就不用去了吧。

所以古丽吃得津津有味，同时还傻呵呵地看着舞台上的人乐，却不知，她已经“犯了错误”，老总已经记住了她，对她也有了微词。

后来，古丽发现上司好像对她很不满意，总是挑她的小毛病，刚开始她还没有意识到，后来次数越来越多，她不得不多想。她想既然做得不开心，就离开好了。

但是换了一家公司后，类似的状况还是一直出现。

她迷惑地想，是不是自己太傻了？

故事中自己的老总就在邻桌，古丽却只顾着吃东西而没有去敬酒。其实这也不是什么大事，但身处职场，一些必要的小规则还是要懂。太过率直，难免会在职场中遇到很多麻烦。在别人眼里，既不懂社会规则，又不合群。就好比清高自傲的人，在一群沉迷酒色的人中，显得格格不入。但清高自傲不一定就比沉迷酒色的人混得更好。

有些人说："我才不管别人说我什么呢，我就是这么直，喜欢就是喜欢，不喜欢就是不喜欢。"我们不可能孤立地生活在这个世界上，我们可以拒绝与自己不喜欢的人交往，但却不得不与他们打交道。成人的世界是有游戏规则的，不遵守游戏规则，最后必定会被淘汰出局。

直性子的人想要改掉"特立独行"的做事风格，就要主动与他人交往、多多帮助他人。比如，主动跟人打招呼。这不是说必须马上变得侃侃而谈，而是要能主动地、热情地向别人问好。人都是相互的，你在改变，别人是能看得见的。与人交往时，要多肯定对方，让对方感受到你的友好。而自己不喜欢的事情，不一定非要说出来，保持沉默，有时候也能赢得别人的好感。

如果不喜欢一些人，也不要给别人脸色看，尽量寻找与自己人生观、价值观相同的朋友。彼此三观一致，共同的话题就会多些。当然，多学习、多思考才是最重要的。社会规则有多少，谁也说不清楚。我们唯一能做到的就是勤于观察，多学习。看看别人为人处事的风格，适当改变一下自己待人接物的风格，不是坏事。人是在相互交往和学习中进步的，社会也是在人与人之间的这种进步里往前发展的。